U0177406

INFOGRAPHIC
GUIDE TO

SPORTS

数据之美

运动篇

[英] 丹尼尔·塔塔尔斯基 著

肖 竞 译

电子工业出版社.
Publishing House of Electronics Industry
北京·BEIJING

版权贸易合同登记号　图字：01-2022-2244

图书在版编目（CIP）数据

数据之美. 运动篇／（英）丹尼尔·塔塔尔斯基（Daniel Tatarsky）著；肖竞译. —北京：电子工业出版社，2022.5

ISBN 978-7-121-43431-0

Ⅰ. ①数⋯　Ⅱ. ①丹⋯　②肖⋯　Ⅲ. ①数据处理　Ⅳ. ①TP274

中国版本图书馆CIP数据核字（2022）第078206号

书中涉及数据的时效性均以原版书出版时间为准，相关数据统计如与我国官方数据有出入，均以我国统计为准，特此声明。

审图号：GS（2022）2717号

书中地图系原文插附地图

责任编辑：张　舟
特约编辑：胡昭滔
印　　刷：河北迅捷佳彩印刷有限公司
装　　订：河北迅捷佳彩印刷有限公司
出版发行：电子工业出版社
　　　　　北京市海淀区万寿路173信箱　　邮编：100036
开　　本：787×980　1/16　　印张：38.75　　字数：819千字
版　　次：2022年5月第1版
印　　次：2022年5月第1次印刷
定　　价：298.00元（全4册）

凡所购买电子工业出版社图书有缺损问题，请向购买书店调换。若书店售缺，请与本社发行部联系，联系及邮购电话：(010) 88254888，88258888。

质量投诉请发邮件至zlts@phei.com.cn，盗版侵权举报请发邮件至dbqq@phei.com.cn。

本书咨询联系方式：(010) 88254439，zhangran@phei.com.cn，微信号：yingxianglibook。

目录

引言

丹尼尔·塔塔尔斯基

著名的作家、哲学家和足球运动员阿尔贝·加缪曾经写下这样的文字："许多年过去，我见识了各式各样的事物。对于道德和人的责任，我最确定的知识来自体育运动，来自我在RUA（阿尔及利亚竞技大学队）踢球的那段时光。"RUA是加缪年少时效力过的足球队，直到他在18岁那年由于罹患肺结核被迫退出。加缪的观点显然是正确的：运动教会我们生活的本质，也让我们在很大程度上了解自己。至少我从中学到了一点：那时，你如果希望淋浴时还有热水可用，就一定要奋勇争先，抢在第一个冲进浴室。

跟生活一样，体育运动也有胜利者和失败者，当然也有人认为输赢并不重要。真正关键的是，你如何面对比赛的结果，你处理胜负的方式才能真正体现和塑造你的人格。

围绕各类体育比赛的数据，人们已经建立起一个庞大的产业体系。世界的每个角落都有人在记录各种体育运动的各种数据：速度、高度、控球的时间、防守、进攻，等等。这是一个永无止境的过程，但所有运动项目中无一例外地存在一个具有决定性意义的数据：谁赢得了比赛。我不确定这句话的出处，但是有人说过："第二名一文不值，因为他只是在失败者中排名第一。"有时在比赛中，谁完成的跑动距离最远根本无关紧要，谁击中目标的次数最多并不能左右胜负，哪怕你以对手一半的时间完成了比赛，也并不意味着你就能获得胜利。那为什么还有这么多人如此孜孜不倦地整理和分析各种并不一定能直接带来胜利的数据呢？答案很简单：我们就是喜欢。

我能花费几个小时的时间研究比赛名次表，比对各种数字，在检索数据的过程中获得愉悦，而精美的图表能让这一切变得更加美好。一项对美术馆参观者的统计显示，参观者40%的时间用于阅读艺术作品的标签，30%的时间用于欣赏作品，剩下的时间则花在了咖啡店和礼品店中。本篇里没有礼品店，但是有大量的数据和图画——美术馆里的前两项要素。书中的内容从射箭到尊巴，范围极为广泛。也许你会质疑我，表示尊巴并不是一种运动，其实我们专门有一个主题讨论了什么时候运动不再是运动。

如果你想要了解哪支球队在1963年赢得了棒球世界赛，或者马克·施皮茨在奥运会游泳比赛中赢得了多少枚金牌*，这本书也许不是最好的选择。但是你如果想寻找无数有趣的话题和背后的答案，那么相信这本书能够满足你的愿望。书里的内容几乎涵盖了有关运动的所有主题，从拳王阿里灵活的脚步到女子网球运动员喊叫的音量——书中不但有文字描述，还有直观的图形和深入分析的结果。希望你能从中获得快乐，同时要牢记：一名优秀的失败者依然是失败者。

*好吧，冠军是纽约道奇队①，另外施皮茨在1968年获得了2枚金牌，在1972年获得了7枚。

① 实际上是洛杉矶道奇队，当时对阵的对手是纽约扬基队。——译者注

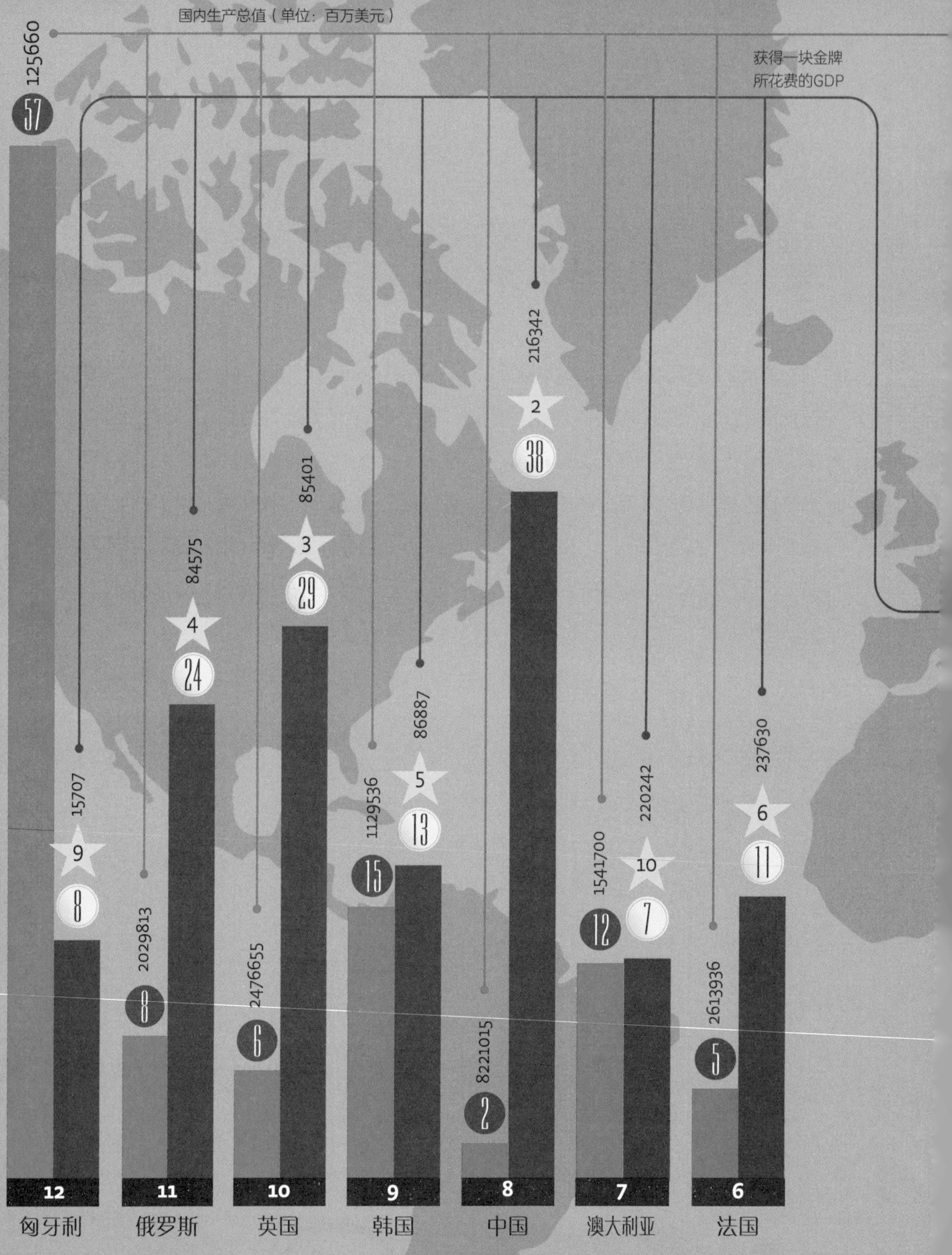

国内生产总值（单位：百万美元）

获得一块金牌
所花费的GDP

125660

57

216342

2

85401

38

84575

3

29

4

24

86887

1129536

5

13

15

2476655

2029813

9

8

220242

237630

8

10

7

12

7

6

11

6

1541700

8221015

2

2613936

5

15707

12	11	10	9	8	7	6
匈牙利	俄罗斯	英国	韩国	中国	澳大利亚	法国

如果以金牌数量为标准

一个国家的国内生产总值（GDP）——在某个年度中某个国家生产的全部物品的总价值——在某种程度上代表了这个国家在全球市场中的地位。而该国运动员在奥林匹克运动会上夺得的金牌数（GMH）则代表了国家在全球体育竞技场上的位置。用GDP除以GMH，我们可以了解一个国家的经济实力和体育实力是否相符。（数据源于2012年伦敦奥运会和同年国际货币基金组织的数据）

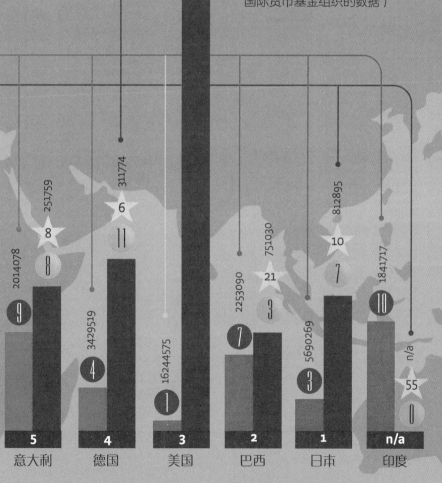

■ GDP与GMH比值排名
■ 国内生产总值
⚫ 金牌数排名
☆ 金牌数

资料来源：mf网站，bbc网站

别再高声喊叫！

女子职业网球赛场上叫喊声越高的选手往往越容易取得胜利，但是如果你想要登上网球世界排名的榜首，喊叫声最好不要超过101分贝。

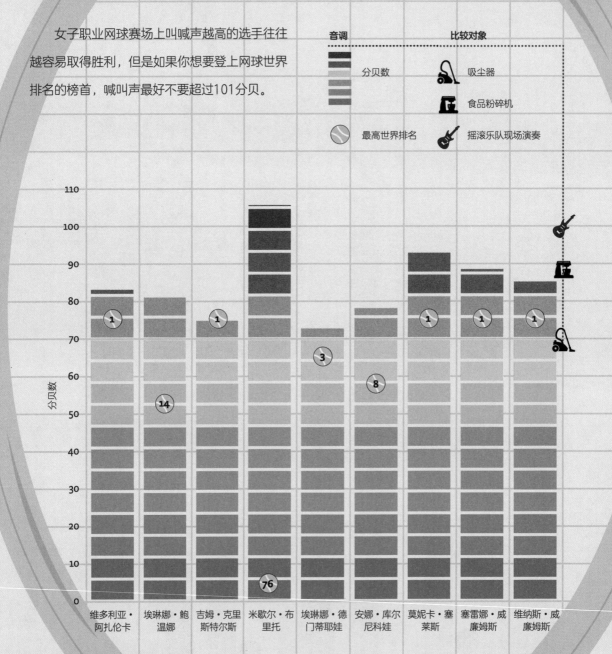

音调

分贝数

最高世界排名

比较对象

吸尘器

食品粉碎机

摇滚乐队现场演奏

分贝数

维多利亚·阿扎伦卡
埃琳娜·鲍温娜
吉姆·克里斯特尔斯
米歇尔·布里托
埃琳娜·德门蒂耶娃
安娜·库尔尼科娃
莫妮卡·塞莱斯
塞雷娜·威廉姆斯
维纳斯·威廉姆斯

资料来源：telegraph网站，dangerousdecibels网站，chchearing网站

最大功率

　　一名运动员的身体可以在短时间内爆发出巨大的能量。但是哪项运动需要最大功率？为回答这个问题，我们做了一个有趣的比较，19世纪90年代问世的第一辆汽车的功率是2982瓦特，而一些运动员的爆发力甚至更强。下面列举了一些在2~5秒时间内爆发出巨大能量的例子。

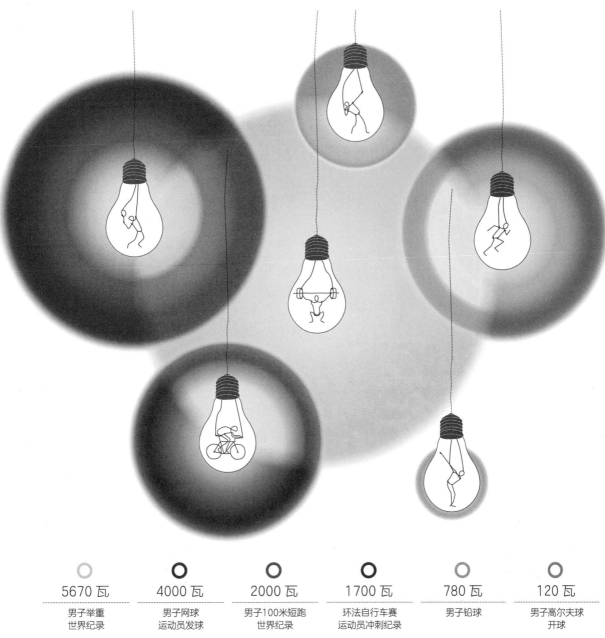

5670 瓦	4000 瓦	2000 瓦	1700 瓦	780 瓦	120 瓦
男子举重 世界纪录	男子网球 运动员发球	男子100米短跑 世界纪录	环法自行车赛 运动员冲刺纪录	男子铅球	男子高尔夫球 开球

资料来源：wsj网站，totalrunning网站，维基百科　　**11**

好莱坞式的球类运动

当一位运动员在场上展示惊人技艺的时候，解说员往往会将其形容为"好莱坞式的传球/带球/球技"。这是因为电影工作者早已将运动场上的成功和失败搬上了大荧幕，而票房收入最高的运动电影主题则是关于美式橄榄球的。

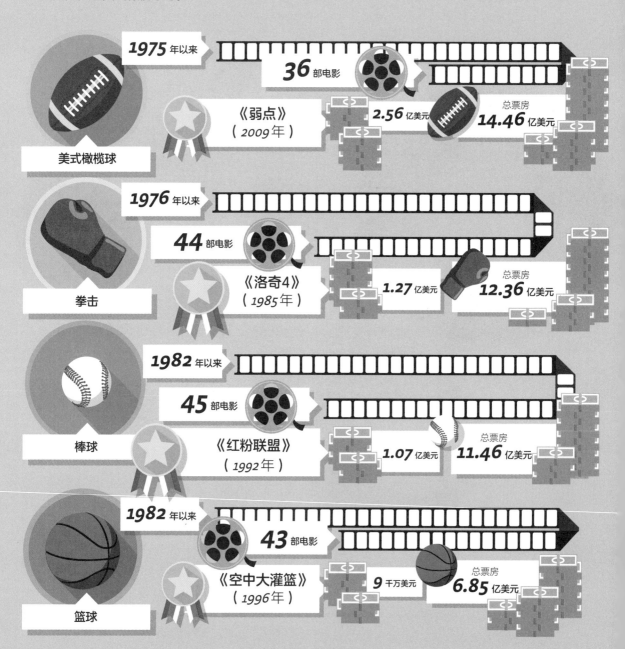

1975 年以来
美式橄榄球
36 部电影
《弱点》
（*2009* 年）
2.56 亿美元
总票房 **14.46** 亿美元

1976 年以来
拳击
44 部电影
《洛奇4》
（*1985* 年）
1.27 亿美元
总票房 **12.36** 亿美元

1982 年以来
棒球
45 部电影
《红粉联盟》
（*1992* 年）
1.07 亿美元
总票房 **11.46** 亿美元

1982 年以来
篮球
43 部电影
《空中大灌篮》
（*1996* 年）
9 千万美元
总票房 **6.85** 亿美元

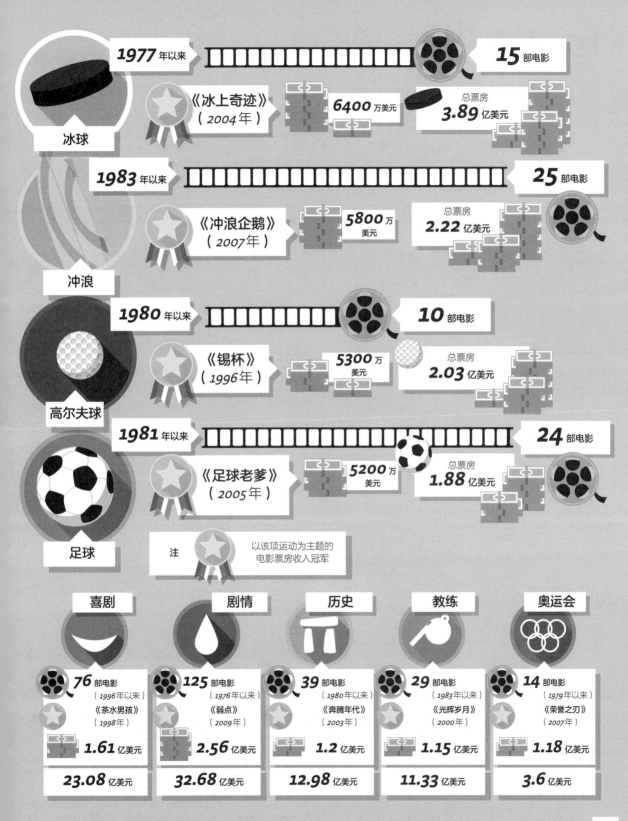

冰球

1977年以来 — 15部电影

《冰上奇迹》（2004年） — 6400万美元 — 总票房 3.89亿美元

冲浪

1983年以来 — 25部电影

《冲浪企鹅》（2007年） — 5800万美元 — 总票房 2.22亿美元

高尔夫球

1980年以来 — 10部电影

《锡杯》（1996年） — 5300万美元 — 总票房 2.03亿美元

足球

1981年以来 — 24部电影

《足球老爹》（2005年） — 5200万美元 — 总票房 1.88亿美元

注　以该项运动为主题的电影票房收入冠军

喜剧	剧情	历史	教练	奥运会
76部电影（1996年以来）	125部电影（1976年以来）	39部电影（1980年以来）	29部电影（1983年以来）	14部电影（1979年以来）
《茶水男孩》（1998年）	《弱点》（2009年）	《奔腾年代》（2003年）	《光辉岁月》（2000年）	《荣誉之刃》（2007年）
1.61亿美元	2.56亿美元	1.2亿美元	1.15亿美元	1.18亿美元
23.08亿美元	32.68亿美元	12.98亿美元	11.33亿美元	3.6亿美元

比法拉利还快的羽毛球

不论手和眼，还是脚和眼，在大部分体育比赛中，不同身体器官和部位的协调非常重要。但是如何才能击中一个以150千米/时速度带着旋转向你飞来的物体呢？运动场上什么物体的飞行速度最快？此外，有时最关键的问题并不是飞行速度，决定你反应时间的是你离对手有多远。

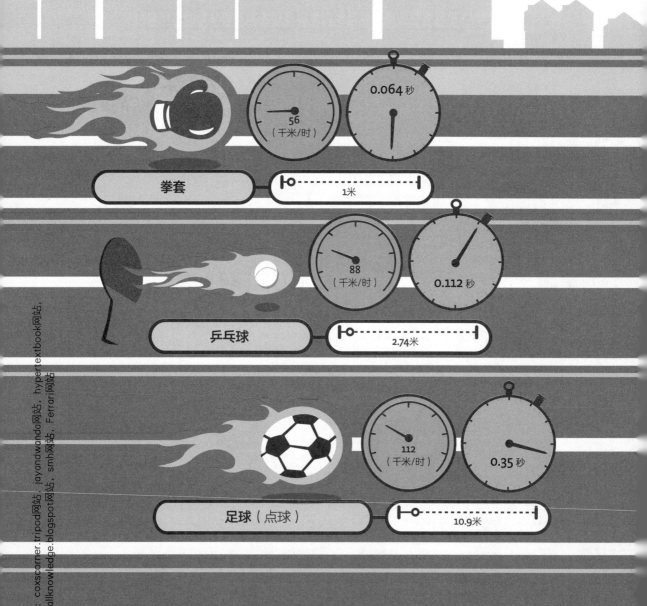

56
（千米/时）

0.064 秒

拳套

1米

88
（千米/时）

0.112 秒

乒乓球

2.74米

112
（千米/时）

0.35 秒

足球（点球）

10.9米

资料来源：coxscorner.tripod网站，jayandwanda网站，hypertextbook网站，thefootballknowledge.blogspot网站，smh网站，Ferrari网站

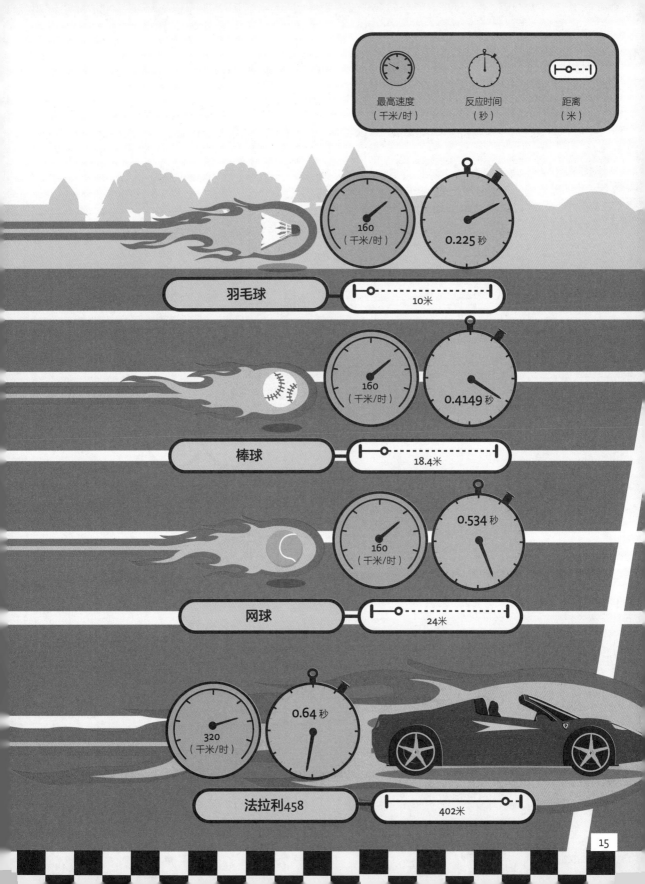

向阿里·代伊致敬

这里有几位世界著名的足球运动员，但是阿里·代伊——在亚洲很有名气——参加的（国际）比赛场次和进球数量却超过了下面的所有球星。以下是欧洲、非洲和南美洲等地著名的10位球员参加比赛和进球的数量，以及阿里·代伊的数据。

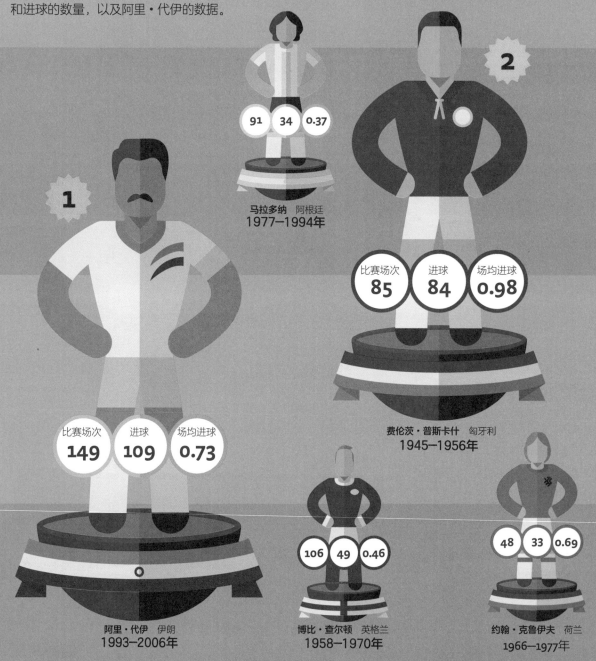

91　34　0.37

马拉多纳　阿根廷
1977—1994年

2

比赛场次	进球	场均进球
85	**84**	**0.98**

费伦茨·普斯卡什　匈牙利
1945—1956年

1

比赛场次	进球	场均进球
149	**109**	**0.73**

阿里·代伊　伊朗
1993—2006年

106　49　0.46

博比·查尔顿　英格兰
1958—1970年

48　33　0.69

约翰·克鲁伊夫　荷兰
1966—1977年

76 **75** **0.99**

釜本邦茂　日本
1964—1977年

38 **52** **1.37**

保尔·尼尔森　丹麦
1910—1925年

64 **41** **0.64**

尤西比奥　葡萄牙
1961—1973年

92 **77** **0.84**

贝利　巴西
1957—1971年

3

68 **75** **1.10**

桑多尔·柯奇士　匈牙利
1948—1956年

比赛场次	进球	场均进球
108	**78**	**0.72**

戈弗雷·齐塔鲁　赞比亚
1968—1980年

62 **68** **1.09**

盖德·穆勒　联邦德国
1966—1974年

冲上浪尖

冲浪运动员热衷于征服巨浪和打败其他竞争对手，浪头越高，能带来的愉悦感也就越强。这里我们将冲浪高度的纪录和其他运动能够到达的高度极限进行了比较。

跳台滑雪高度纪录：**107.29米**，由**弗雷德·塞韦森**（挪威）于2008年3月18日在阿尔卑斯山创造。

摩托车跳跃高度纪录：**25.9米**，由**罗比·麦迪逊**（澳大利亚）于2009年4月22日在美国拉斯维加斯创造。

撑竿跳高纪录：**6.16米**，由**李纳德·拉维莱涅**（法国）于2014年2月15日在乌克兰顿涅斯克创造。

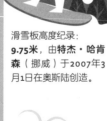

滑雪板高度纪录：**9.75米**，由**特杰·哈肯森**（挪威）于2007年3月1日在奥斯陆创造。

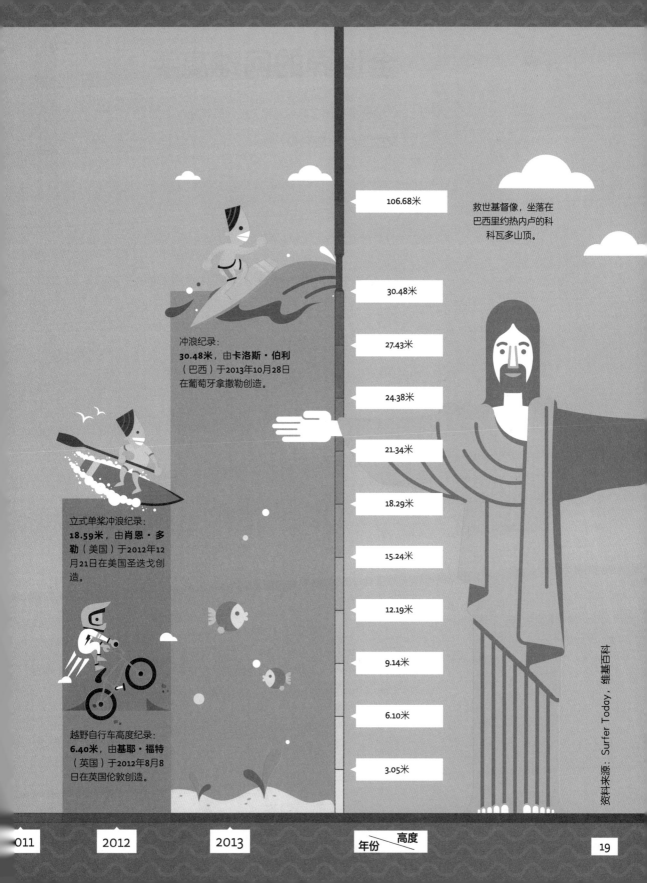

106.68米

救世基督像，坐落在巴西里约热内卢的科科瓦多山顶。

30.48米

冲浪纪录：
30.48米，由**卡洛斯·伯利**（巴西）于2013年10月28日在葡萄牙拿撒勒创造。

27.43米

24.38米

21.34米

18.29米

立式单桨冲浪纪录：
18.59米，由**肖恩·多勒**（美国）于2012年12月21日在美国圣迭戈创造。

15.24米

12.19米

9.14米

越野自行车高度纪录：
6.40米，由**基耶·福特**（英国）于2012年8月8日在英国伦敦创造。

6.10米

3.05米

资料来源：Surfer Today，维基百科

全世界的网球高手

这里列出了1989年以来，每年最优秀的10～12名网球运动员的国籍和人数。

女子选手

	1988年	1989年	1994年	1999年	2004年	2009年	2013年
东欧							
俄罗斯					4	5	1
捷克共和国	1	1	1	1			1
波兰							1
塞尔维亚						1	
西欧							
白俄罗斯	1		1			1	1
西班牙		2	2	1			
法国			1	2	1		1
丹麦						1	1
德国	2	1	1	1			1
瑞士	1	1		1			
比利时					2		
意大利							1
阿根廷	1	1	1				
日本					1		
中国							1
澳大利亚	1						1
美国	4	5	4	3	4	2	1

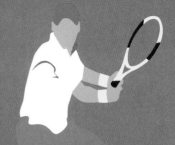

○ 柏林墙被推倒之前
○ 柏林墙被推倒之后

男子选手

1988年	1989年	1994年	1999年	2004年	2009年	2013年	国家	
			1	1	1		俄罗斯	东欧
1	1					1	捷克共和国	
		1		1			克罗地亚	
					1	1	塞尔维亚	
		2			2	2	西班牙	西欧
1					1	2	法国	
				1	1	1	英国	
	1	2	1				德国	
1							联邦德国	
1				1	1	2	瑞士	
3	1	1	1		1		瑞典	
			1				荷兰	
	1			3	1	1	阿根廷	
			1				巴西	
			1				厄瓜多尔	
			1				智利	
				1			澳大利亚	
3	6	4	3	2	1		美国	

资料来源：维基百科

子承父业

如果你的父母曾经是一位在世界大赛中赢得奖牌的优秀选手，想要跟他们一决胜负绝不是一件容易的事情。但是仍然有许多人决定子承父业，做出了一番不逊于父辈的成绩。

父亲

⚙ VS **儿子**

云斯顿赛车比赛 美国
老戴尔·厄恩哈特

76次胜出
7座云斯顿奖杯

水球 匈牙利
老伊什特万·斯齐沃斯

1948年　1952年 1956年

帆船 美国
杰瑞·柯比

1992年

云斯顿赛车比赛 美国
小戴尔·厄恩哈特

18次胜出

水球 匈牙利
小伊什特万·斯齐沃斯

1968年　1972年 1976年 1980年

帆船 美国
罗姆·柯比

2013年

游泳 美国
老加里·霍尔

1968年　1972年 1976年

射击 瑞典
奥斯卡·斯旺

1908年
1912年 1920年

体操 前苏联
阿尔伯特·阿扎良

1956年 1960年

游泳 美国
小加里·霍尔

1996年
2000年 2004年

射击 瑞典
阿尔弗雷德·斯旺

1908年　1912年 1920年 1924年

体操 美国
爱德华·阿扎良

1980年

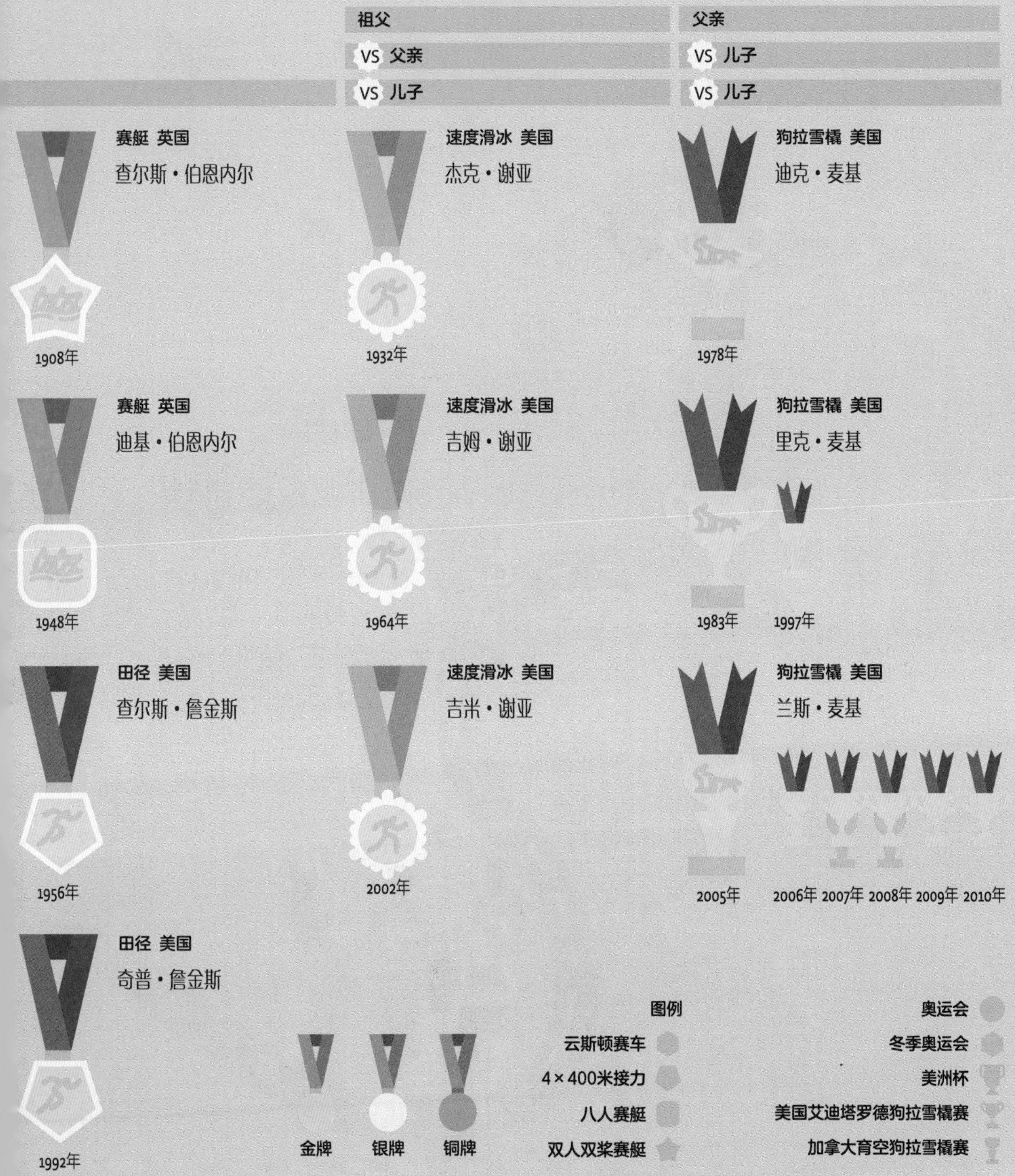

祖父
VS 父亲
VS 儿子
父亲
VS 儿子
VS 儿子
赛艇 英国
查尔斯·伯恩内尔
1908年
赛艇 英国
迪基·伯恩内尔
1948年
田径 美国
查尔斯·詹金斯
1956年
田径 美国
奇普·詹金斯
1992年
速度滑冰 美国
杰克·谢亚
1932年
速度滑冰 美国
吉姆·谢亚
1964年
速度滑冰 美国
吉米·谢亚
2002年
狗拉雪橇 美国
迪克·麦基
1978年
狗拉雪橇 美国
里克·麦基
1983年
1997年
狗拉雪橇 美国
兰斯·麦基
2005年
2006年 2007年 2008年 2009年 2010年
图例
金牌
银牌
铜牌
云斯顿赛车
4×400米接力
八人赛艇
双人双桨赛艇
奥运会
冬季奥运会
美洲杯
美国艾迪塔罗德狗拉雪橇赛
加拿大育空狗拉雪橇赛

资料来源：维基百科

距离和收入

不同运动员出席重大比赛的收入与他们需要移动的距离到底有没有关系呢？

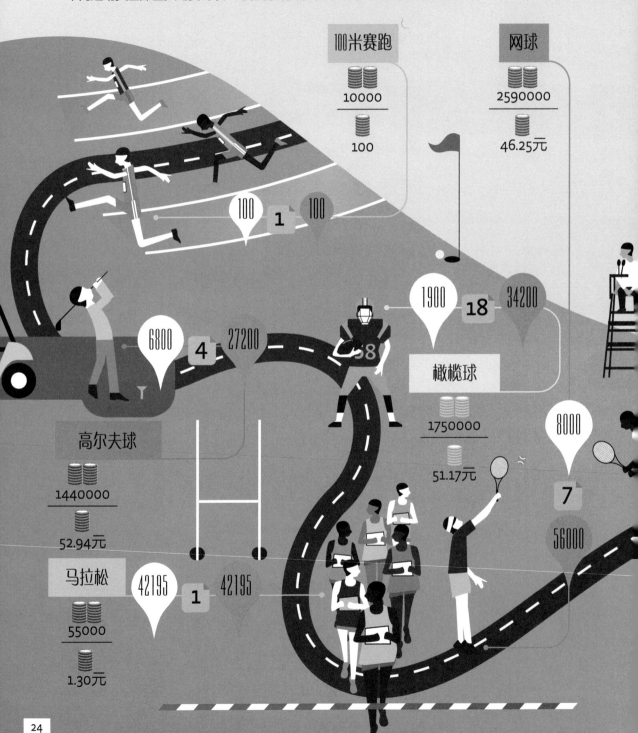

100米赛跑
10000
100

网球
2590000
46.25元

100　1　100

6800　4　27200

1900　18　34200

58

橄榄球
1750000
51.17元

8000　7　56000

高尔夫球
1440000
52.94元

马拉松
55000
1.30元

42195　1　42195

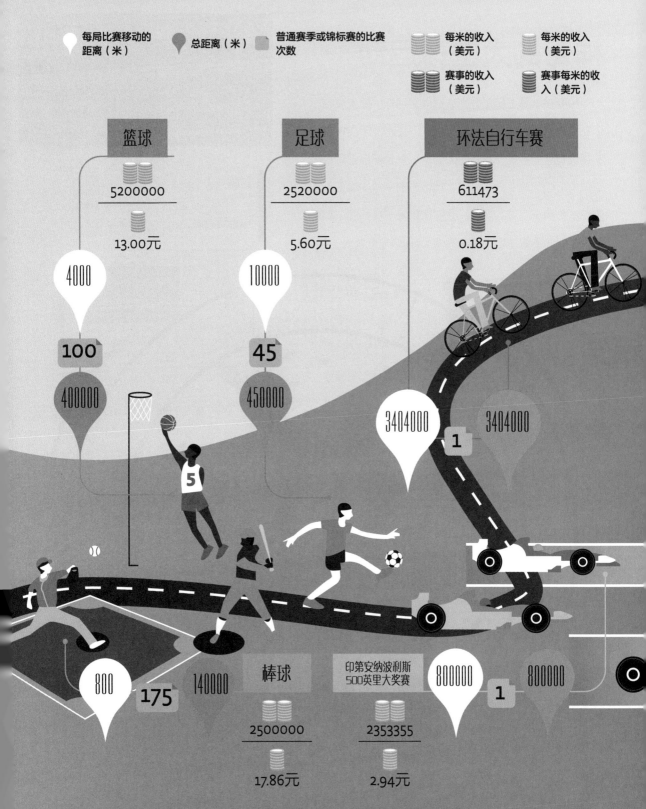

资料来源：tribesports网站，statisticbrain网站，diamondleague网站，marathon网站，wimbledon网站，augusta网站，bbc网站，indianapolismotorspeedway网站

神奇的太空球运动

想要在水面上行走吗？试试太空球吧。把人装在一个充气防水塑料球体里，就可以漂浮在水上了。但这并不是最有趣的方式。真正的太空球玩家会把自己装在太空球里从山顶滚下去，同时，球体内部不得安装任何固定设备和用于润滑的液体。太空球起源于英格兰，新西兰人却把它变成一项"运动"。

构造

太空球分为内外两层，中间是作为缓冲的气垫。

以系带固定内部人员的太空球速度更快。

只允许在限定的场地上开展太空球运动。

气垫厚度：50~60厘米

内层直径：2米

第一个太空球

新西兰奥克兰，1994年（德维恩·范·德·斯路易斯和安德鲁·阿克斯）

太空球速度纪录

51.8千米/时（2006年，基斯·沃尔弗，新西兰）

外层直径：3米

原型

1973年，俄罗斯；1980年，英国牛津。危险运动俱乐部建造了一个剖面周长达到25米的巨大球体，其中安装了一套万向架，上有两把帆布椅（万向架：通过枢轴系统使得物体只在某一根轴上发生旋转）。

太空球移动距离纪录

570米（2006年，斯蒂夫·坎普，新西兰）

不管是否通过系带固定内部人员，太空球内部往往会被注入少量水（注水太空球）。

太空球由重力来引导和驱动，球体内部的人无法控制太空球。

资料来源：blogspot网站，Zorb网站，维基百科

运动场地

运动场的起源可以追溯到古罗马时代斗兽场的沙地——用于吸收角斗士厮杀时流出的鲜血。运动场的设计必须赋予参与对抗的双方均等的获胜机会。在现代体育项目的运动场里，最小的甚至只有1.525米宽、2.74米长。

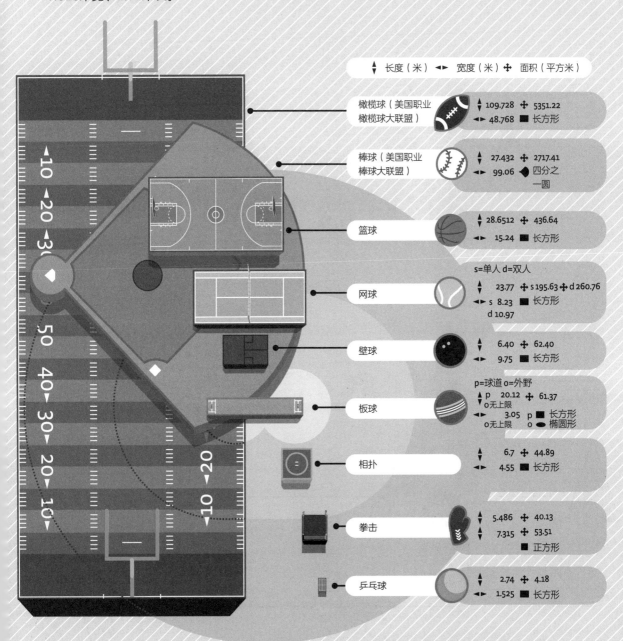

↕ 长度（米）	◄► 宽度（米）	✛ 面积（平方米）

橄榄球（美国职业橄榄球大联盟）
↕ 109.728　✛ 5351.22
◄► 48.768　■ 长方形

棒球（美国职业棒球大联盟）
↕ 27.432　✛ 2717.41
◄► 99.06　◆ 四分之一圆

篮球
↕ 28.6512　✛ 436.64
◄► 15.24　■ 长方形

网球
s=单人 d=双人
↕ 23.77　✛ s 195.63 ✛ d 260.76
◄► s 8.23　■ 长方形
d 10.97

壁球
↕ 6.40　✛ 62.40
◄► 9.75　■ 长方形

板球
p=球道 o=外野
↕ p 20.12　✛ 61.37
o无上限
◄► 3.05　p 长方形
o无上限　o 椭圆形

相扑
↕ 6.7　✛ 44.89
◄► 4.55　■ 长方形

拳击
↕ 5.486　✛ 40.13
↕ 7.315　✛ 53.51
■ 正方形

乒乓球
↕ 2.74　✛ 4.18
◄► 1.525　■ 长方形

资料来源：nfl网站、nba网站、wbanews网站、etta网站、itftennis网站、worldsquash网站、mlb网站、lords网站

老而弥坚

特雷茜·奥斯汀第一次赢得美国公开赛冠军的时候才16岁，她在两年后再次赢得了这一殊荣。然而，20岁以后，她就再也没有获得过任何大满贯赛事的奖杯了。与她刚好相反的是，乔治·福尔曼在45岁"高龄"重新举起了重量级拳王的金腰带。在某些运动中，年龄也可能成为优势。

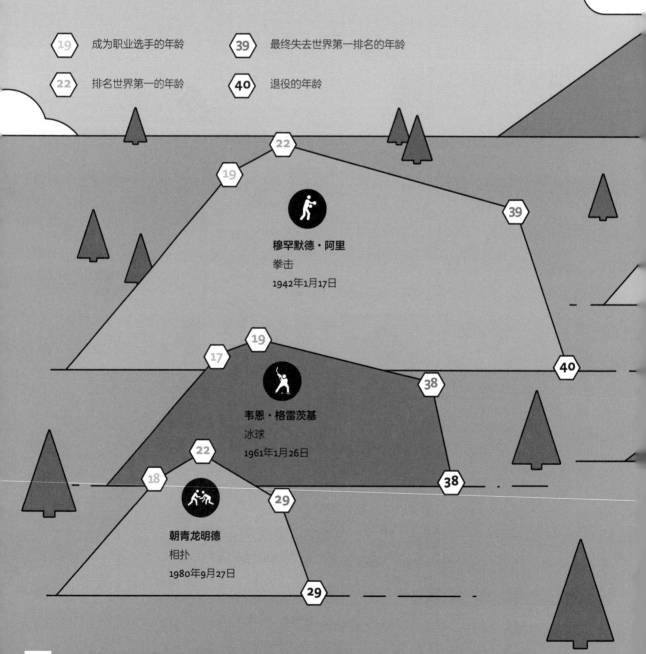

19 成为职业选手的年龄   39 最终失去世界第一排名的年龄

22 排名世界第一的年龄   40 退役的年龄

穆罕默德·阿里
拳击
1942年1月17日

韦恩·格雷茨基
冰球
1961年1月26日

朝青龙明德
相扑
1980年9月27日

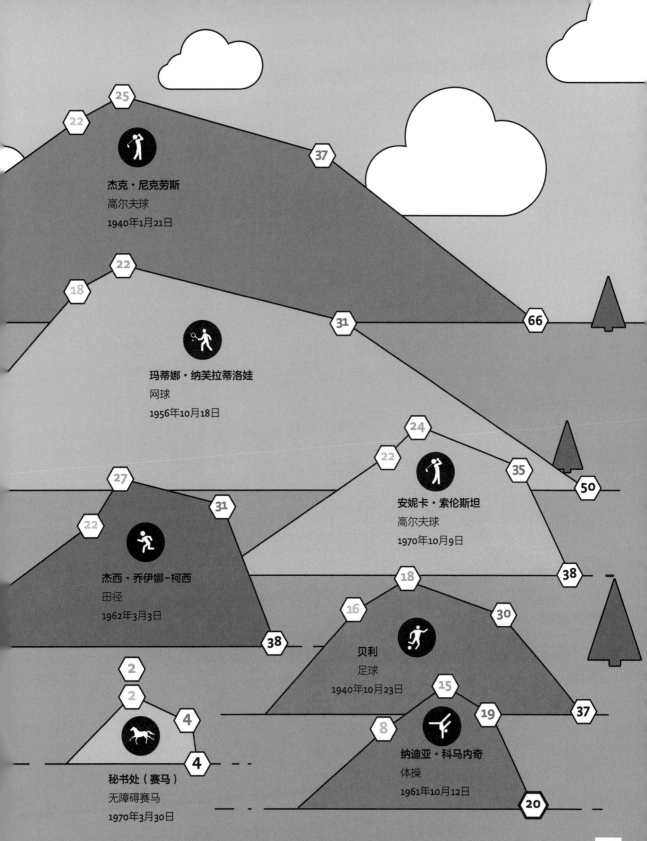

杰克·尼克劳斯
高尔夫球
1940年1月21日

玛蒂娜·纳芙拉蒂洛娃
网球
1956年10月18日

安妮卡·索伦斯坦
高尔夫球
1970年10月9日

杰西·乔伊娜-柯西
田径
1962年3月3日

贝利
足球
1940年10月23日

秘书处（赛马）
无障碍赛马
1970年3月30日

纳迪亚·科马内奇
体操
1961年10月12日

资料来源：维基百科

场地优势

网球大满贯四大赛事所用的场地各不相同。这里我们以时间最长的比赛为例，分析了人工草皮和人造黏土、丙烯酸塑料、天然草皮和红土分别对比赛有什么影响。

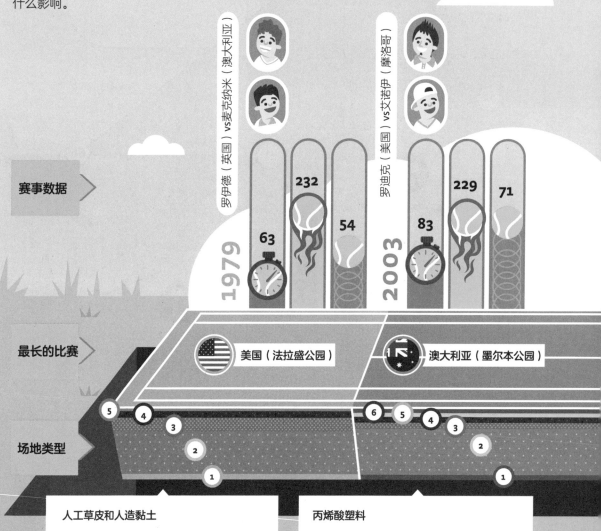

赛事数据

罗伊德（英国）vs麦克纳米（澳大利亚）

1979

63
232
54

罗迪克（美国）vs艾诺伊（摩洛哥）

2003

83
229
71

最长的比赛

美国（法拉盛公园）

澳大利亚（墨尔本公园）

场地类型

人工草皮和人造黏土

1. 土工膜和排水系统
2. 碳化石灰岩和花岗岩
3. 基层多孔沥青
4. 聚合多孔沥青
5. 投入沙粒的人工草皮磨耗层
6. 人工草皮以卷为单位进行铺设，铺设在多孔混凝土或沥青之上，以便于排水

丙烯酸塑料

1. 土工膜
2. 基层
3. 基层沥青
4. 磨耗层沥青
5. 缓冲系统
6. 覆盖聚合材料的丙烯酸塑料（PMMA）或聚氨酯材料（PU）

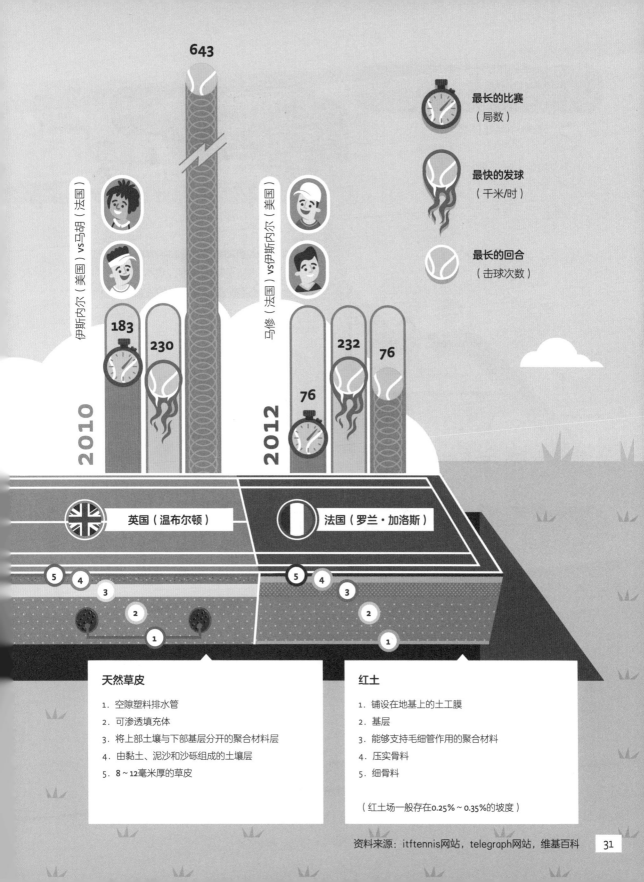

643

最长的比赛
（局数）

最快的发球
（千米/时）

最长的回合
（击球次数）

伊斯内尔（美国）vs马胡（法国）

马修（法国）vs伊斯内尔（美国）

183　230

2010

76　232　76

2012

英国（温布尔顿）

法国（罗兰·加洛斯）

5　4　3　2　1

5　4　3　2　1

天然草皮

1. 空隙塑料排水管
2. 可渗透填充体
3. 将上部土壤与下部基层分开的聚合材料层
4. 由黏土、泥沙和沙砾组成的土壤层
5. 8～12毫米厚的草皮

红土

1. 铺设在地基上的土工膜
2. 基层
3. 能够支持毛细管作用的聚合材料
4. 压实骨料
5. 细骨料

（红土场一般存在0.25%～0.35%的坡度）

资料来源：itftennis网站，telegraph网站，维基百科

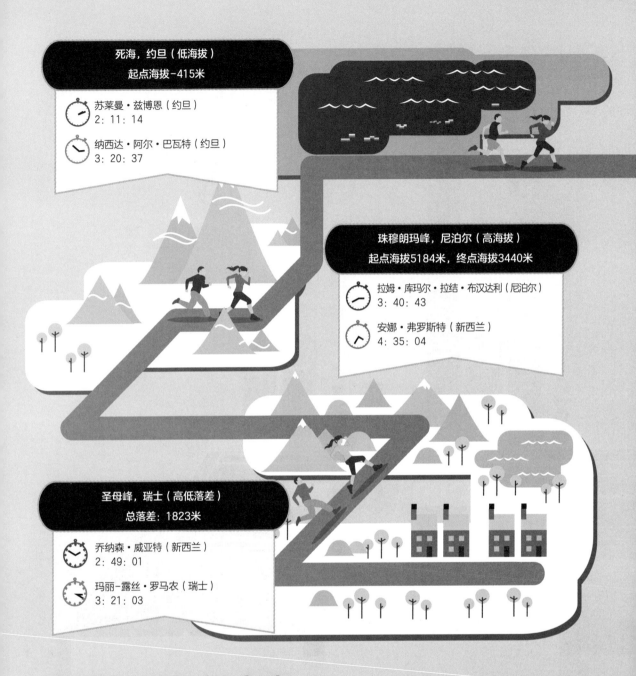

死海，约旦（低海拔）

起点海拔-415米

苏莱曼·兹博恩（约旦）
2：11：14

纳西达·阿尔·巴瓦特（约旦）
3：20：37

珠穆朗玛峰，尼泊尔（高海拔）

起点海拔5184米，终点海拔3440米

拉姆·库玛尔·拉结·布汉达利（尼泊尔）
3：40：43

安娜·弗罗斯特（新西兰）
4：35：04

圣母峰，瑞士（高低落差）

总落差：1823米

乔纳森·威亚特（新西兰）
2：49：01

玛丽-露丝·罗马农（瑞士）
3：21：03

困难的马拉松赛事

即便气候温和，道路平坦，想要完成马拉松也不是一件容易的事情。但是如果在极端地形、海拔和气温下，马拉松选手必须兼具山羊、夏尔巴人和北极熊的能力。

北极（极端低温）

平均温度：-30摄氏度

 托马斯·马奎尔（爱尔兰）
3：36：10

 菲奥娜·奥克斯（英国）
4：53：10

祖父山，布恩，北卡罗来纳州（全程上坡）

起点海拔1016米，终点海拔1304米

 迈克尔·哈里森（美国）
2：34：51

 帕蒂·谢帕德（美国）
3：01：51

撒哈拉沙漠（极端高温）

平均温度：23摄氏度

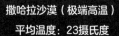

 拉姆尼亚·阿布德拉提夫（阿尔及利亚）
2：39：46

 无

蓝岭，罗阿诺克，弗吉尼亚州（极端陡峭）

攀爬高度2194米

 杰夫·鲍威尔斯（美国）
2：39：48

 妮可·特里（美国）
3：19：27

资料来源：jordantimes网站, hopeformarrow网站, northpolemarathon网站, saharamarathon网站, marathonguide网站, blueridgemarathon网站, nepalnews网站

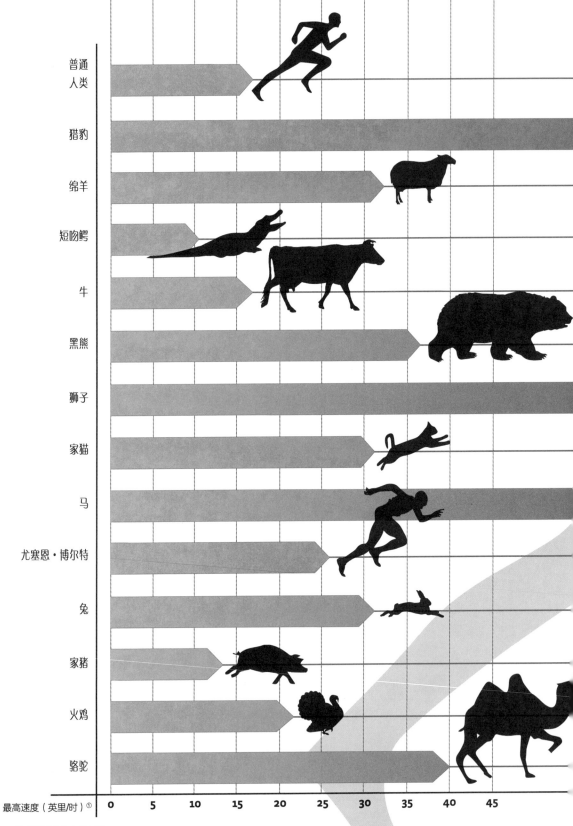

普通人类										
猎豹										
绵羊										
短吻鳄										
牛										
黑熊										
狮子										
家猫										
马										
尤塞恩·博尔特										
兔										
家猪										
火鸡										
骆驼										

最高速度（英里/时）①

0　　　5　　　10　　　15　　　20　　　25　　　30　　　35　　　40　　　45

　　① 1英里约为1.6千米。

	奔跑100米所需的时间（秒）（如果能跑100米的话）	最高速度（千米/时）
	15	24
	3.01	119.36
	7.5	48
	21.3	17
	15	24
	6.42	56
	4.53	79.52
	7.55	47.68
	4.11	87.5
	9.58	37.58
	7.55	47.68
	20.45	17.6
	11.25	32
	5.62	64

为了生命而奔跑

　　曾经有一个笑话，讲的是两名游客在非洲遇到一头猎豹，其中一位停下换上了跑鞋，另一个人很惊讶，就问他为什么，难道你还能跑得比猎豹更快吗。"我不需要，"换鞋的人回答说，"我只需要跑得比你快就行了。"那么人类跑得比哪些动物快呢?

50　　55　　60　　65　　70　　75　　80　　85　　90　　95　　100　　105

资料来源: pamplona网站，speedofanimals网站

什么时候运动不再是体育运动？

　　尽管欧盟1992年发布的《欧洲体育宪章》对"什么是体育运动"有着不同的看法，但是一般认为，体育运动需要有竞技性，参与者在身体上具有一定技巧，且比赛的输赢可以量化。按照这个标准，连一些奥运会上的项目实际上也不能被称为体育运动……

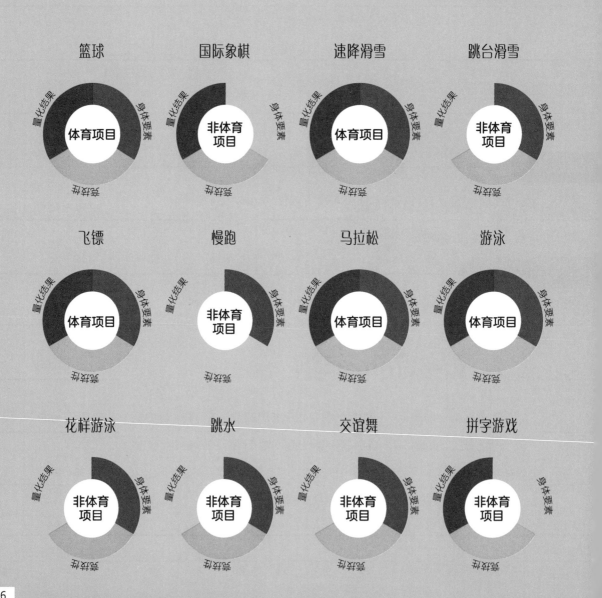

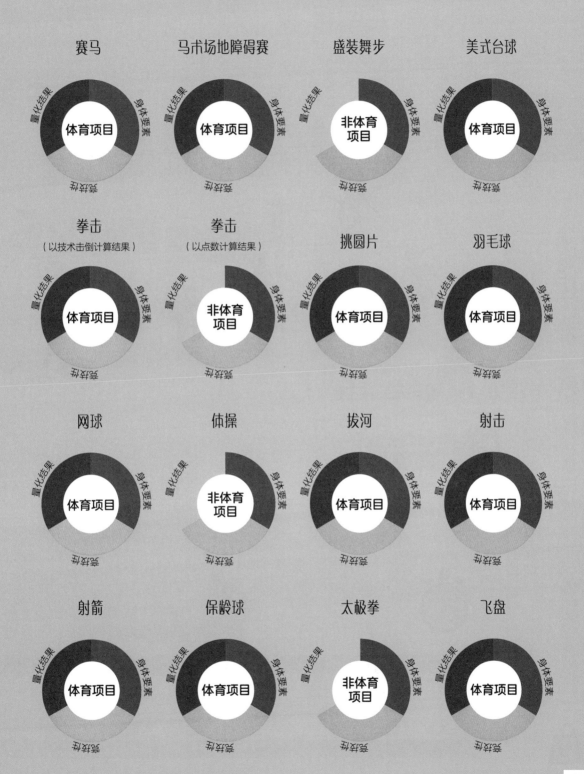

赛马

马术场地障碍赛

盛装舞步

美式台球

拳击
（以技术击倒计算结果）

拳击
（以点数计算结果）

挑圆片

羽毛球

网球

体操

拔河

射击

射箭

保龄球

太极拳

飞盘

落向胜利

通过学习力学原理，我们了解到在考虑空气阻力和风速等因素时，更重的物体会比较轻的物体以更快的速度落向地面。速降滑雪从本质上说也是一种下落的过程，那么我们也会认为体重更大的运动员更容易取得好成绩。但是如果我们看看过去5届世界锦标赛的结果，男子比赛并非如此（5届冠军中有3名体重较轻），而女子比赛似乎更加遵循这个规律（5届冠军中只有1名体重较轻）。

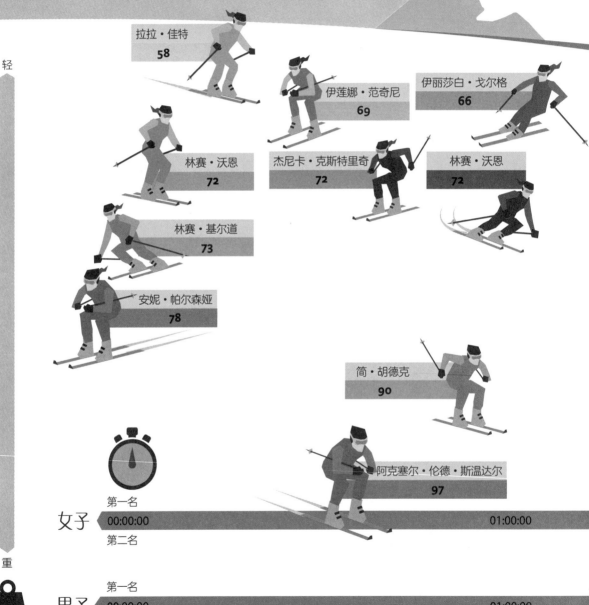

轻

拉拉·佳特
58

伊莲娜·范奇尼
69

伊丽莎白·戈尔格
66

林赛·沃恩
72

杰尼卡·克斯特里奇
72

林赛·沃恩
72

林赛·基尔道
73

安妮·帕尔森娅
78

简·胡德克
90

阿克塞尔·伦德·斯温达尔
97

女子

第一名
00:00:00   01:00:00
第二名

重

男子

第一名
00:00:00   01:00:00
第二名

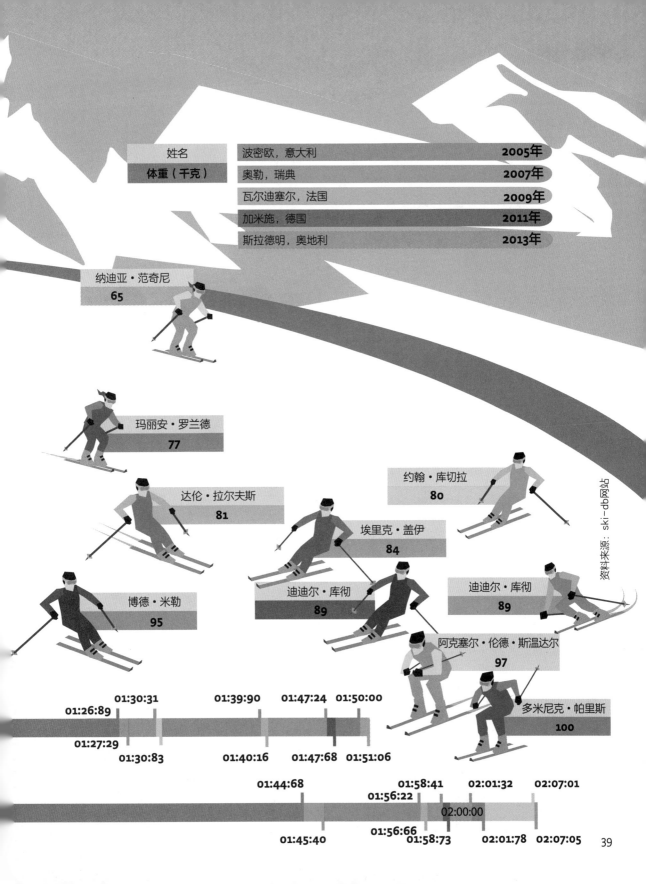

姓名	波密欧，意大利	2005年
体重（千克）	奥勒，瑞典	2007年
	瓦尔迪塞尔，法国	2009年
	加米施，德国	2011年
	斯拉德明，奥地利	2013年

纳迪亚·范奇尼
65

玛丽安·罗兰德
77

约翰·库切拉
80

达伦·拉尔夫斯
81

埃里克·盖伊
84

迪迪尔·库彻
89

迪迪尔·库彻
89

博德·米勒
95

阿克塞尔·伦德·斯温达尔
97

多米尼克·帕里斯
100

资料来源：ski-db网站

01:26:89　01:30:31　01:39:90　01:47:24　01:50:00
01:27:29　01:30:83　01:40:16　01:47:68　01:51:06

01:44:68　01:58:41　02:01:32　02:07:01
01:56:22
02:00:00
01:45:40　01:56:66　01:58:73　02:01:78　02:07:05

跌断腿的运动

在美国，啦啦队是一种为了让高中女生参与男性主导的橄榄球运动而被提出来的运动，现在美国已经有29个州的高中将啦啦队的表演被看作正式的体育运动。国际啦啦队联合会在103个国家和地区设有办事机构，在过去5年中，啦啦队在美国的年增长率已经达到18%。但同时，这也是一项十分危险的运动……

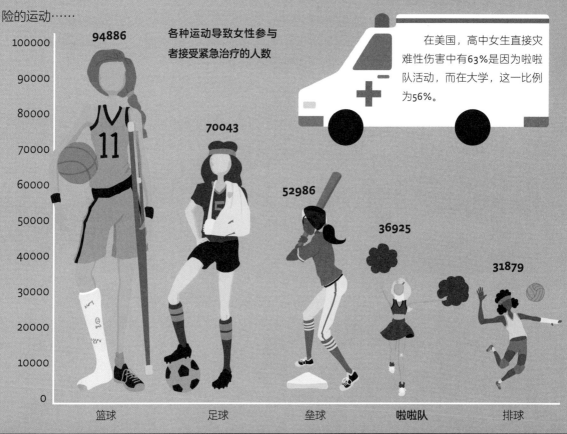

各种运动导致女性参与者接受紧急治疗的人数

在美国，高中女生直接灾难性伤害中有63%是因为啦啦队活动，而在大学，这一比例为56%。

- 篮球 94886
- 足球 70043
- 垒球 52986
- 啦啦队 36925
- 排球 31879

啦啦队队员最容易遇到的伤病

53%	13%~18%	10%~16%	4%	3.5%~4%
扭伤或拉伤	擦伤、挫伤或血肿	骨折或脱臼	划伤或刺伤	脑震荡或头部受伤

资料来源：Shields BJ, Smith GA. "Cheerleading-Related Injuries in the United States: A Prospective Surveillance Study." J Athl Train., 44.6 (2009), pp. 567-577.
Foley, E., Bird, H. "Extreme" or tariff sports: their injuries and their prevention (with particular reference to diving, cheerleading, gymnastics, and figure skating). Clinical Rheumatology, 32.4 (2013), pp. 463-467

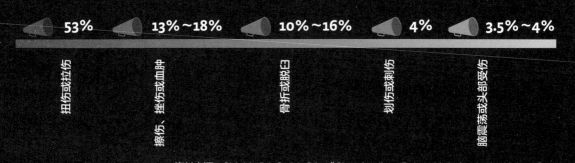

1. 上旋

向上挥拍，触球点位于球中轴线以上。上旋球可以以相对较高的高度越过球网，但在撞击球台以后，会以较低的高度和较快的速度向前飞出。

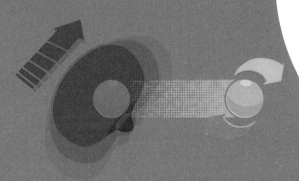

能用巧劲的时候为什么要用蛮力？

在现实世界里，变化无常显然会令人反感，但在乒乓球运动中，丰富多样、出人意料的旋转是一种至关重要的武器。力量可以帮助你赢得比分，但旋转才是举重若轻的高超技巧。这里我们列举了乒乓球的3种旋转控制。

3. 侧旋

向球的左侧挥拍，会使得球发生旋转，并在撞击球台后向右弹起。可以与上旋或下旋结合使用。

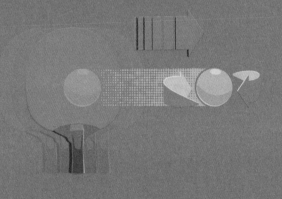

2. 下旋

向下挥拍，击球点位于中轴以下。球会以较低的高度飞过球网，并在撞击球台后减速。弹起高度大于上旋球，对手必须上步击球将其挑过球网，造成对手接球困难。

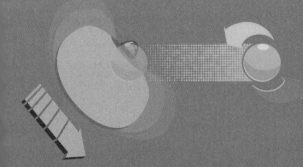

4. 攻其不备

出乎意料的回球和假动作都非常重要。如果对手没有注意到你回的是一个上旋球，他的回球往往会过高。一个出乎意料的下旋球会使得对手的回球下网。

乒乓球：球的旋转速度可达每分钟9000转（每秒超过150转）。

资料来源：tabletennis.about网站，iweb.tms网站

体育运动中的动物明星

有些比赛需要动物驮着人进行，有些则由动物独立完成。赛马被称作运动中的王者，那么我们又该如何形容赛蜗牛呢？它们同样都是精彩的比赛，与其他动物体育赛事一道，产生了许多伟大的冠军。以下就列举了其中的几位。

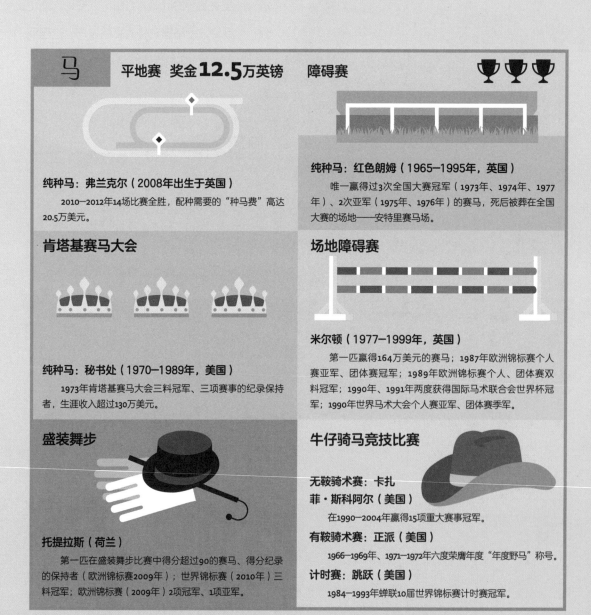

马

平地赛 奖金12.5万英镑

障碍赛

纯种马：弗兰克尔（2008年出生于英国）

2010—2012年14场比赛全胜，配种需要的"种马费"高达20.5万美元。

纯种马：红色朗姆（1965—1995年，英国）

唯一赢得过3次全国大赛冠军（1973年、1974年、1977年）、2次亚军（1975年、1976年）的赛马，死后被葬在全国大赛的场地——安特里赛马场。

肯塔基赛马大会

纯种马：秘书处（1970—1989年，美国）

1973年肯塔基赛马大会三料冠军、三项赛事的纪录保持者，生涯收入超过130万美元。

场地障碍赛

米尔顿（1977—1999年，英国）

第一匹赢得164万美元的赛马；1987年欧洲锦标赛个人赛亚军、团体赛冠军；1989年欧洲锦标赛个人、团体赛双料冠军；1990年、1991年两度获得国际马术联合会世界杯冠军；1990年世界马术大会个人赛亚军、团体赛季军。

盛装舞步

托提拉斯（荷兰）

第一匹在盛装舞步比赛中得分超过90的赛马、得分纪录的保持者（欧洲锦标赛2009年）；世界锦标赛（2010年）三料冠军；欧洲锦标赛（2009年）2项冠军、1项亚军。

牛仔骑马竞技比赛

无鞍骑术赛：卡扎菲·斯科阿尔（美国）

在1990—2004年赢得15项重大赛事冠军。

有鞍骑术赛：正派（美国）

1966—1969年、1971—1972年六度荣膺年度"年度野马"称号。

计时赛：跳跃（美国）

1984—1993年蝉联10届世界锦标赛计时赛冠军。

狗　赛狗

磨坊主米勒（1926—1939年，爱尔兰）

两次赢得英国大赛冠军，曾经豪取19连胜，唯一一只在英国大赛、瑟撒拉维奇和圣莱杰三项赛事上获得过冠军的赛犬。

狗拉雪橇比赛

头犬暴风雨（加拿大）

1999年、2000年、2001年三次获得阿拉斯加州爱迪塔罗德狗拉雪橇比赛冠军，创下了用时纪录（19天11小时）。

骆驼　骆驼竞速比赛

巴扎（澳大利亚）

2004年、2005年两度获得爱丽丝·斯普林斯骆驼杯赛冠军。

鸽子　赛鸽

博尔特（2012年出生于比利时）

2013年5月以42.7万美元的天价售出；2012年比利时皇家信鸽协会冲刺赛第一名。

牧羊犬比赛　　售价**1.4**万美元

鲍勃（边境牧羊犬，2012年出生于英国）

2013年5月售出，售价高达1.4万美元，创下了纪录。

飞盘比赛

尼克（德国牧羊犬，美国）

唯一一只同时拥有两大赛事冠军头衔的赛犬：曾于2000年、2003年、2004年3次获得世界锦标赛冠军兰德杯；2000年、2004年两次获得世界飞盘狗大赛冠军。

公牛　牛仔竞技

豪胆（美国）

在1992—1995年出场135次，127次将选手甩下牛背；获得1994—1995年"年度公牛"称号；1992年、1994年、1995年全美大赛最佳公牛。

蜗牛　蜗牛竞速比赛

阿奇（英国）

1995年在英国诺福克郡康厄姆举办的世界锦标赛上获得冠军（2分钟），并保持这一纪录至今。

资料来源：guardian网站，bbc网站，horsecarecourses网站，skyhoundz网站，维基百科，prorodeohalloffame网站，camelcup网站，snailracing网站

波沙球

需要的装备：
蹦床、排球球网、排球，每队3~5人。

比赛规则：
1名球员在蹦床上进行弹跳，其他人围在蹦床四周，所有人的目标是使球落到对方半场的地面上（除蹦床以外的地方）。为保持球在空中飞行，身体的任何部位都可以触球。

世界胡须锦标赛

需要的装备：
造型奇特的胡须。

比赛规则：
在两届比赛之间的两年中，将自己的胡须打理成有趣的造型，才能参加锦标赛18个项目中的某一个。

哈卡培比赛

需要的装备：
两根香蕉树的树干、120米长的45度斜坡。

比赛规则：
选手不得穿着任何防护性服装，躺在捆绑在一起的树干上，人们将树干推下坡顶（下滑速度可达到约129千米/时）。树干到达坡底时，如果选手还能留在上面，就能得到额外的分数。

滚奶酪比赛

需要的装备：
一轮格洛斯特硬干酪、一座山。

比赛规则：
将你的奶酪滚下山坡，紧随其后一路追逐下山，第一个冲过终点线的人获胜。如果能追上你的奶酪，你就能获得额外的得分。

鸟雀比赛

需要的装备：
一只鸟笼、一只雄性苍头燕雀、一个小板凳。

比赛规则：
在60分钟内记录下小鸟鸣叫的次数。

抱妻子赛跑

需要的装备：
妻子、障碍赛道、幽默感。

游戏规则：
参赛者必须抱（背）着自己的妻子，以最快的速度完成障碍赛，过程中妻子不能摔下来。

"搞笑" 的比赛

　　有些人不满足于跟其他人参与一样的运动项目，所以他们大胆地加入了一些他人看来十分可笑的元素，创造了新的运动项目。在比利时，有一群人发明了蹦床上的排球。在芬兰，人们会抱起自己的妻子进行百米赛跑。除此之外，世界上还有许多"搞笑"的比赛。

自行车球

需要的装备：
没有车闸的死飞自行车、每队5名球员、一个足球、球门。

比赛规则：
球员可以用脚、头和自行车触球，目标是将球打进对方的球门。守门员可以用手。

巨型南瓜赛艇

需要的设备：
内部掏空可以被用作赛艇的巨型南瓜、划桨、救生衣。

比赛规则：
划向终点线。

波兰棒球

需要的装备：
棒球棒、棒球、一个"傻瓜"。

比赛规则：
用球棒将球击向"傻瓜"，击中"傻瓜"可以得分。

水上长枪比武

需要的装备：
铺设有平台的船、木质盾牌、比武用的长枪、每队8～10名桨手。

比赛规则：
两队的桨手将船划向对方，比武的选手站在船上，目标是将对方击落水中。

扯嘴巴比赛

需要的装备：
手指、嘴巴，对疼痛的忍耐力。

比赛规则：
选手面对面跪坐或坐成一排，用自己的手指勾住对方的嘴巴使劲拉扯，先放弃的人算输。

马背叼羊比赛

需要的装备：
马匹、死掉的山羊（去除头部）、球门（3.5米×1.5米）、球场（400平方米）。

比赛规则：
每队10人，但场上只能有5人。上下半场各45分钟。骑手们不得故意用马鞭击打对方。比赛的目标是将死羊拖至或者扔到对方的球门中。

日期	国家	选手	成绩	备注
1891年7月4日	🇺🇸	卢瑟·卡里	**10.8**	在法国巴黎第一次确定了100米纪录
1906年8月26日		克努特·林德伯格	**10.6**	
1911年7月9日		埃米尔·科特勒	**10.5**	
1912年7月6日	🇺🇸	唐纳德·利平科特	**10.6**	
1921年4月23日	🇺🇸	查尔斯·帕多克	**10.4**	
1930年8月9日		珀西·威廉姆斯	**10.3**	
1936年6月20日	🇺🇸	杰西·欧文斯	**10.2**	
1956年8月3日	🇺🇸	威利·威廉斯		
1960年6月21日		阿明·哈里		
1968年6月20日	🇺🇸	吉姆·海恩斯		
1968年10月14日	🇺🇸	吉姆·海恩斯		
1983年7月3日	🇺🇸	卡尔文·史密斯		
1988年9月24日	🇺🇸	卡尔·刘易斯		
1991年6月14日	🇺🇸	勒罗伊·伯勒尔		
1991年8月25日	🇺🇸	卡尔·刘易斯		
1994年7月6日	🇺🇸	勒罗伊·伯勒尔		
1996年7月27日		多诺万·贝利		
1999年6月16日	🇺🇸	莫里斯·格林		
2005年6月14日		阿萨法·鲍威尔		
2007年9月9日		阿萨法·鲍威尔		
2008年5月31日		尤塞恩·博尔特		
2008年8月16日		尤塞恩·博尔特		
2009年8月16日		尤塞恩·博尔特		

各就各位……
预备……

赛跑的历史几乎和人类一样长，最早有记录的赛跑可以被追溯到公元前2250年的古埃及时代。现代赛跑和通过100米跑来决定谁是地球上最快的人这一做法的起源应该是1896年的第一届现代奥林匹克运动会。但是随着体育事业的发展和人类体格的变化，当年那位被誉为"世界上最快的人"的选手如果能和尤塞恩·博尔特同场竞技的话，恐怕会在终点线前被甩下15米。

1896年第一届现代奥林匹克运动会在希腊雅典召开

19世纪90年代末JW福斯特父子公司（现为锐步公司）发明了鞋钉，极大地提升了运动员速度

在瑞典斯德哥尔摩第一次确立了IAAF纪录

1912年7月17日国际田径联合会（IAAF）第一次大会

1925年阿迪·达斯勒（阿迪达斯创始人）为不同距离的比赛手工打造鞋钉

1929年查尔斯·布斯（澳大利亚）发明了起跑架

1932年洛杉矶奥运会上，欧米茄首次为赛跑假设了科比照相机，对重点撞线情况拍照确认

1937年IAAF批准了对起跑架的使用

1938年IAAF规定，必须在利用风速表监控风速的情况下，纪录方可被认可。被允许的最大顺风风速为2米/秒

10,1 20世纪**50**年代发明了由沥青或沥青和橡胶混合物制造的人工跑道

10,0

9,9 20世纪**60年代中期**，3M发明了聚氨酯材料跑道

9,95 在墨西哥墨西哥城第一次出现了由机器自动记录下来并得到认可的纪录

9,93 **1977年**自动计时成为创下世界纪录的先决条件

9,92

9,90

9,86

9,85

9,84

9,79

9,77 **21世纪头十年**，发明了没有后跟的钉鞋（为了减轻重量）

9,74

9,72

9,69

9,58

|8 |9 |10 |11 |12 |13 |14 | 15米

资料来源：liveabout网站，维基百科，webarchive网站，runblogrun网站

运动场上的超级女性

如果我们能用女性运动明星身体的不同部分创造出一个运动场上的超级女性，她应该是下面这样的。

头部/头发

卡迪·罗托，2013年世界最强壮女性比赛冠军（芬兰）

肩膀

刘子歌，200米蝶泳世界纪录保持者（中国）

左臂

李雪芮，世界排名第一的羽毛球选手、奥运会金牌得主（中国）

右手

特丽娜·格列夫，9届女子世界飞镖锦标赛冠军（英国）

右臂

尼可莱·亚当斯，第一位奥运会女子拳击冠军（英国）

躯干

娜塔莎·巴德曼，6届世界铁人三项世锦赛冠军（瑞士）

手指甲

弗洛伦斯·格里菲斯·乔伊娜，在奥运会上四度夺冠的短跑运动员（美国）

左手

蕾妮·雷兹曼，2013年女子弹球世锦赛冠军（美国）

臀部

张美兰，4次获得女子举重世界冠军（韩国）

胯部

萨莎·肯尼，世界呼啦圈马拉松大赛冠军（英国）

右腿

凯特琳·伊巴古恩，世界女子三级跳冠军（哥伦比亚）

左腿

黄敬善，跆拳道运动员（韩国）

右脚

米娅·哈姆，世界上在国际比赛中进球数最多（151球）的女子足球运动员（美国）

左脚

玛利亚·科里沃沙基娜，2013年女子自由搏击世界冠军（俄罗斯）

运动场上的超级男性

如果我们能用男性运动明星身体的不同部分创造出一个运动场上的超级男性，他应该是下面这样的。

头部/头发
布鲁斯·克列比尼科夫，用他的头发将3列电车拉动了7米（俄罗斯）

右臂
简·泽莱兹尼，标枪冠军（捷克）

肩膀
迈克尔·乔丹，篮球运动员（美国）

左臂
拉菲尔·纳达尔，网球运动员

左手
亚伦·费舍尔，21次赢得世界扳手腕大赛冠军（美国）

右手
菲尔·泰勒，飞镖冠军（英国）

躯干
阿诺德·施瓦辛格，健美运动员（奥地利）

胯部
贝比·鲁斯，棒球运动员（美国）

右腿
李小龙，武术冠军（中国）

臀部
尤赛恩·博尔特，短跑运动员（牙买加）

右脚
阿热兰纳汗·苏雷西·约阿其姆，单脚站立76小时40分钟（斯里兰卡）

左腿
迈克尔·约翰逊，短跑运动员（美国）

左脚
里奥·梅西，足球运动员（阿根廷）

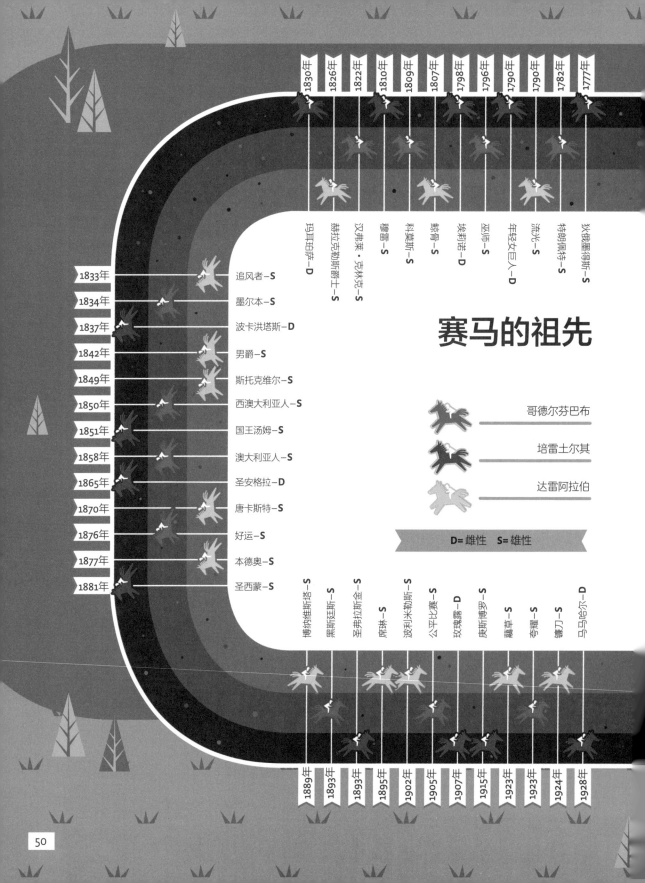

赛马的祖先

哥德尔芬巴布

培雷土尔其

达雷阿拉伯

D= 雌性　　S= 雄性

1830年　玛且珀萨－D
1826年　赫拉克勒斯墨士－S
1822年　汉弗莱·克林克－S
1810年　穆雷－S
1809年　利亚斯－S
1807年　鲸鱼－S
1798年　埃利诺－D
1796年　巫师－S
1790年　年轻女巨人－D
1790年　流光－S
1782年　特朗佩特－S
1777年　狄俄墨得斯－S

1833年　追风者－S
1834年　墨尔本－S
1837年　波卡洪塔斯－D
1842年　男爵－S
1849年　斯托克维尔－S
1850年　西澳大利亚人－S
1851年　国王汤姆－S
1858年　澳大利亚人－S
1865年　圣安格拉－D
1870年　唐卡斯特－S
1876年　好运－S
1877年　本德奥－S
1881年　圣西蒙－S

1889年　博纳维斯塔－S
1893年　黑斯廷斯－S
1893年　圣弗拉斯金－S
1895年　席琳－S
1902年　波利米勒斯－S
1905年　公平比赛－S
1907年　玫瑰露－D
1915年　庚斯博罗－S
1923年　禧福－S
1923年　夸耀－S
1924年　镰刀－S
1928年　马马哈尔－D

50

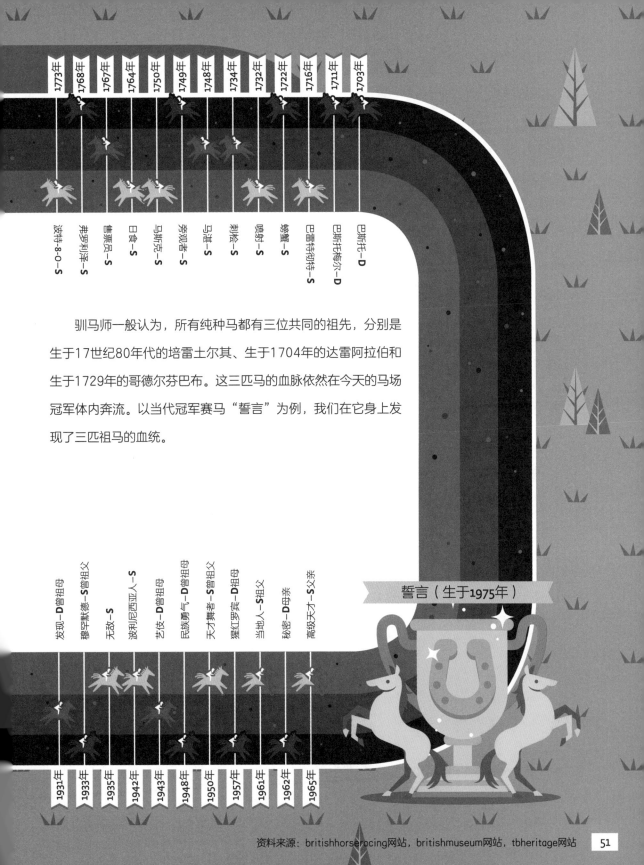

1773年 1768年 1767年 1764年 1750年 1749年 1748年 1734年 1732年 1722年 1716年 1711年 1703年

波特兰－S－O-8 祖父
弗罗利泽－S
售栗灵－S
日食－S
马斯克－S
旁观者－S
马谱－S
刺榆－S
喷射－S
蟾蜍
巴雷特彻尔特－S
巴斯托梅尔－D
巴斯托－D

驯马师一般认为，所有纯种马都有三位共同的祖先，分别是生于17世纪80年代的培雷土尔其、生于1704年的达雷阿拉伯和生于1729年的哥德尔芬巴布。这三匹马的血脉依然在今天的马场冠军体内奔流。以当代冠军赛马"誓言"为例，我们在它身上发现了三匹祖马的血统。

誓言（生于1975年）

发现－D曾祖母
穆罕默德－S曾祖父
无敌－S
波利尼西亚人－S
艺伎－D曾祖母
民族勇气－D曾祖母
天才舞者－S曾祖母
猩红罗宾－D祖母
当地人－S祖父
秘密－D母亲
高级天才－S父亲

1931年 1933年 1935年 1942年 1943年 1948年 1950年 1957年 1961年 1962年 1965年

资料来源：britishhorseracing网站，britishmuseum网站，tbheritage网站

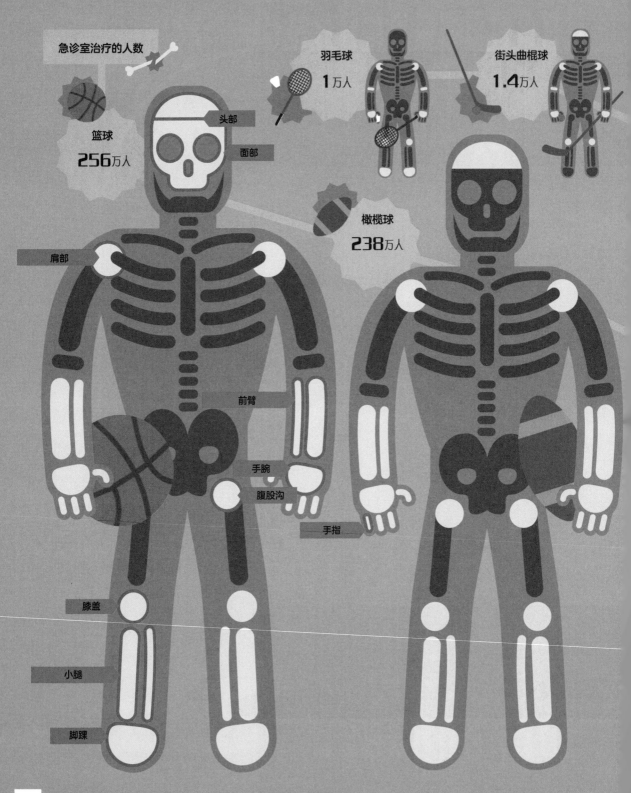

急诊室治疗的人数

羽毛球
1万人

街头曲棍球
1.4万人

篮球
256万人

头部
面部

橄榄球
238万人

肩部

前臂

手腕
腹股沟
手指

膝盖

小腿

脚踝

52

危险的球类运动

通过对一年来美国急诊室收治病人的数据进行分析，我们可以看出，最危险的运动往往跟球类有关，不论小巧的高尔夫球、长圆形的美式橄榄球，还是轻巧的羽毛球。以下展示了哪些球类运动最为危险，及其可能对哪些人体部位造成伤害。

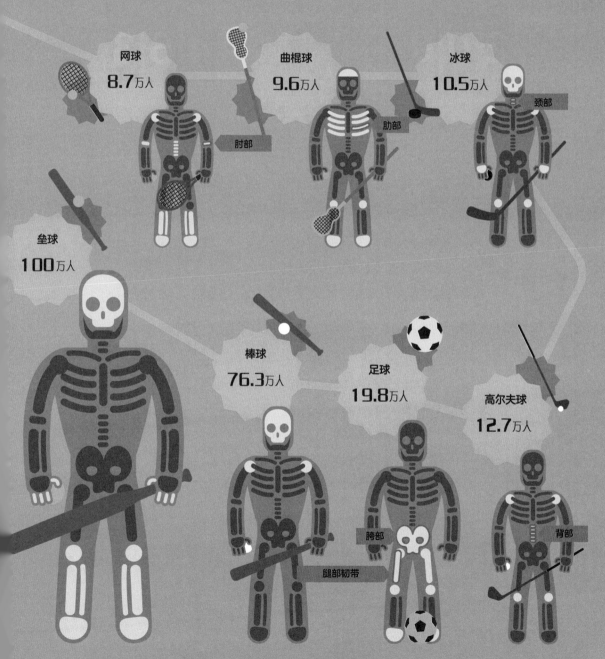

网球
8.7万人
肘部

曲棍球
9.6万人
肋部

冰球
10.5万人
颈部

垒球
100万人

棒球
76.3万人
腿部韧带

足球
19.8万人
胯部

高尔夫球
12.7万人
背部

资料来源: upmc网站，physioroom网站，advancedphysicalmedecine网站，cpcs网站，nsga网站，sportsinjurybulletin网站

测试赛

场次

200

并列第二名史蒂夫·沃夫/里奇·庞廷 168

职业生涯得分15921
里奇·庞廷13378

单局得分破百51
雅克·卡利斯45

单局得分破五十68
劳尔·德拉维德/阿伦·博德63
与单局得分破百不重复统计

得6分–69

得4分–2058
劳尔·德拉维德1654

国际性单日比赛

场次

463

第二名萨那斯·杰亚苏利亚 445

职业生涯得分18426
里奇·庞廷13704

单局得分破百49
里奇·庞廷30

单局得分破五十96
雅克·卡利斯86
与单局得分破百不重复统计

得6分–195

得4分–2016
萨那斯·杰亚苏利亚1500

TENDULKAR
10

世界上最受欢迎的运动员

　　沙奇·德鲁卡是一位板球运动员，由于板球在美国不甚流行，因此他在美国寂寂无名。但是据统计，他在印度拥有12亿球迷。我们的统计数据显示了为什么大家喜欢某位运动员，以及他与其他项目的巨星相比谁更受欢迎。

推特上关注人数最多的运动员	运动员	脸书上获得"点赞"数最多的运动员
2400万	克里斯蒂亚诺·罗纳尔多 足球	7150万
40万	大卫·贝克汉姆 足球	3360万
420万	科比·布莱恩特 篮球	1780万
1140万	勒布朗·詹姆斯 篮球	1570万
130万	罗杰·费德勒 网球	1380万
400万	沙奇·德鲁卡 板球	1320万
370万	泰格·伍兹 高尔夫球	1290万
460万	弗洛伊德·梅威瑟 拳击	390万
320万	尤赛恩·博尔特 短跑	290万
10万	亚历克斯·罗德里格斯 篮球	120万

资料来源：bbc网站，维基百科，推特，脸书

连胜场次

57

游泳（自由泳）
约翰尼·韦斯默勒（德国）
1922—1939年（17年）

69

相扑
双叶山定次（日本）
1936—1939年（3年）

87

拳击
胡里奥·凯撒·查韦斯（墨西哥）
1980—1993年（13.5年）

112

沙滩排球
米斯蒂·梅-特里诺和凯莉·沃尔什（美国）
2007—2008年（1年）

122

田径：400米栏
爱德温·摩西（美国）
1977—1987年（10年）

365

182

资料来源：维基百科，guardian网站

最长的连胜

职业运动员最长的连胜纪录是什么？
不同体育运动之间的连胜纪录在时间和场
次上有什么不同之处？

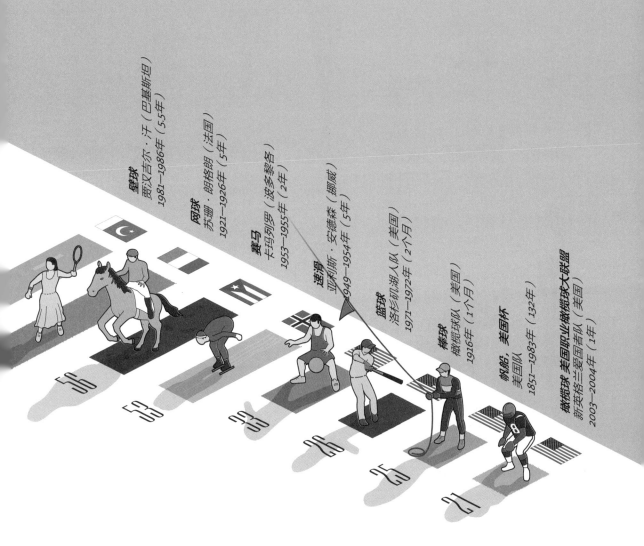

壁球
贾汉吉尔·汗（巴基斯坦）
1981—1986年（5.5年）

网球
苏珊·朗格朗（法国）
1921—1926年（5年）

赛马
卡玛列罗（波多黎各）
1953—1955年（2年）

速滑
亚瓦利斯·安德森（挪威）
1949—1954年（5年）

篮球
洛杉矶湖人队（美国）
1971—1972年（2个月）

棒球
橄榄球队（美国）
1916年（1个月）

帆船 美国杯
美国队
1851—1983年（132年）

橄榄球 美国职业橄榄球大联盟
新英格兰爱国者队（美国）
2003—2004年（1年）

奥运火炬的发展

奥运圣火由德国人在1936年奥运会上首次点燃，但接下来的两届奥运会由于第二次世界大战停办，直到1948年，奥运圣火才在英国伦敦再次被燃起，并作为一项传统一直保留下来。圣火熊熊不息，从上一届夏季或冬季奥运会的举办地被传递到下一届的举办城市。这里我们展示了自1936—2014年奥运火炬的发展变化。

1936年
德国
柏林
由沃尔特·伦卡设计

1948年
英国
伦敦
由拉尔夫·拉沃斯设计

1952年
瑞典
奥斯陆
圣火在滑雪运动员桑德勒·努尔海姆家中的炉灶上被点燃

1952年
芬兰
赫尔辛基
只制作了22个

1956年
意大利
科尔蒂纳丹佩佐
在罗马被点燃，并由教皇施以祝福

1956年
澳大利亚
墨尔本
造型参考了悉尼歌剧院的外形

1960年
美国
斯阔谷
由迪士尼艺术设计师约翰·亨奇设计

1960年
意大利
罗马
设计体现了罗马风格

1964年
奥地利
因斯布鲁克

1964年
日本
东京

1968年
法国
格勒诺布尔
火炬为钢制，表面镀有青铜，还加装了隔绝火焰的防护罩

1968年
墨西哥
墨西哥城
以三维立体的方式展示了会标

1972年
日本
札幌
由柳宗理设计

1972年
联邦德国
慕尼黑

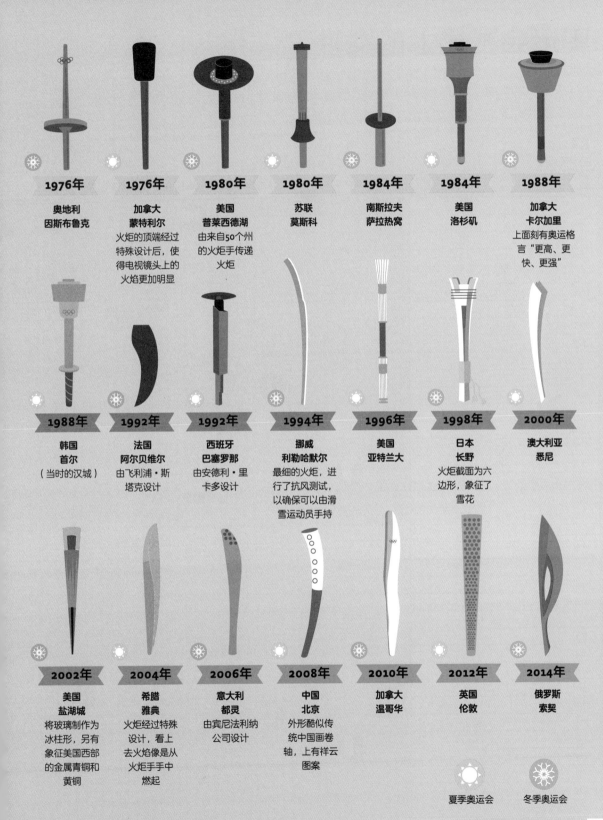

1976年
奥地利
因斯布鲁克

1976年
加拿大
蒙特利尔
火炬的顶端经过特殊设计后，使得电视镜头上的火焰更加明显

1980年
美国
普莱西德湖
由来自50个州的火炬手传递火炬

1980年
苏联
莫斯科

1984年
南斯拉夫
萨拉热窝

1984年
美国
洛杉矶

1988年
加拿大
卡尔加里
上面刻有奥运格言"更高、更快、更强"

1988年
韩国
首尔
（当时的汉城）

1992年
法国
阿尔贝维尔
由飞利浦·斯塔克设计

1992年
西班牙
巴塞罗那
由安德利·里卡多设计

1994年
挪威
利勒哈默尔
最细的火炬，进行了抗风测试，以确保可以由滑雪运动员手持

1996年
美国
亚特兰大

1998年
日本
长野
火炬截面为六边形，象征了雪花

2000年
澳大利亚
悉尼

2002年
美国
盐湖城
将玻璃制作为冰柱形，另有象征美国西部的金属青铜和黄铜

2004年
希腊
雅典
火炬经过特殊设计，看上去火焰像是从火炬手手中燃起

2006年
意大利
都灵
由宾尼法利纳公司设计

2008年
中国
北京
外形酷似传统中国画卷轴，上有祥云图案

2010年
加拿大
温哥华

2012年
英国
伦敦

2014年
俄罗斯
索契

夏季奥运会　　冬季奥运会

资料来源：维基百科

奥运会赛场上的女性

经过不懈的斗争，女性才争取到参加奥运会的权利。下图显示了在哪一届奥运会上女性首次被允许参加某个项目，以及各个项目中女性运动员所占的比例。

								冬季奥运会	15.7%	21.5%
夏季奥运会		0%	2.2%	0.9%	2%	4.4%	9.6%	9.5%	10.5%	
奥运会举办国		1896年	1900年	1904年	1912年	1924年	1928年	1948年	1952年	1960年
射箭										
田径										
篮球										
冬季两项										
雪车										
拳击										
皮划艇										
越野滑雪										
冰壶										
自行车公路赛										
自行车场地赛										
跳水										
马术运动										
击剑										
曲棍球										
足球										
高尔夫球										
体操										
手球										
冰球										
柔道										
五项全能										
赛艇										
英式橄榄球										
帆船										
射击										
钢架雪车										
跳台滑雪										
垒球										
速度滑冰										
游泳										
花样游泳										
网球										
水球										
举重										
自由式摔跤										

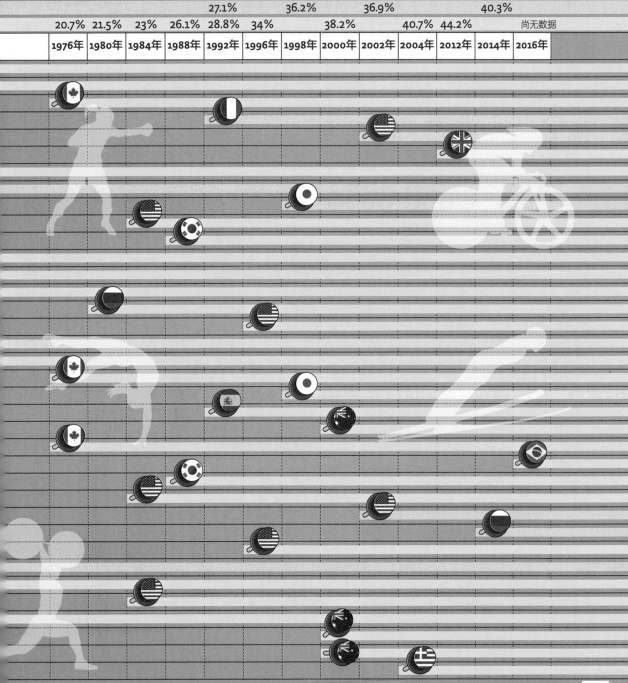

	1976年	1980年	1984年	1988年	1992年	1996年	1998年	2000年	2002年	2004年	2012年	2014年	2016年
	20.7%	21.5%	23%	26.1%	28.8%	34%		38.2%		40.7%	44.2%		
					27.1%		36.2%		36.9%		40.3%	尚无数据	

《体育画报》带来的厄运

美国最受欢迎的体育周刊《体育画报》一直以其报道内容和权威性深受大众喜爱。然而，由于某些登上杂志封面的明星在成为"封面人物"之后，运气急转直下，遭遇了一系列负面事件，坊间开始流传登上《体育画报》封面会带来厄运的说法。当然，在统计数据面前，这样的说法就不攻自破了。

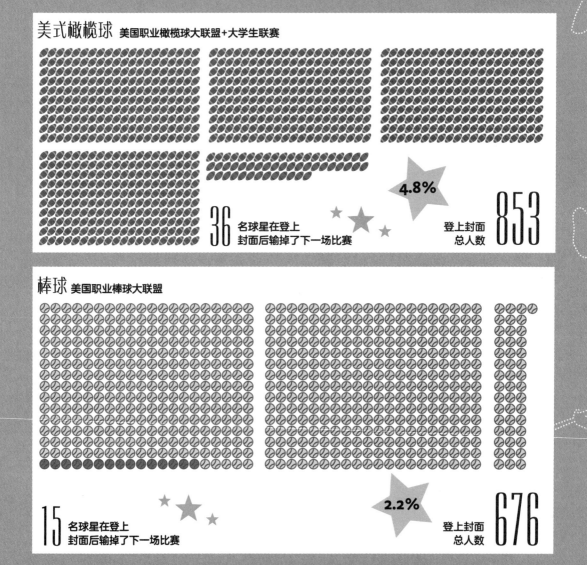

美式橄榄球 美国职业橄榄球大联盟+大学生联赛

4.8%

36 名球星在登上封面后输掉了下一场比赛

登上封面总人数 **853**

棒球 美国职业棒球大联盟

2.2%

15 名球星在登上封面后输掉了下一场比赛

登上封面总人数 **676**

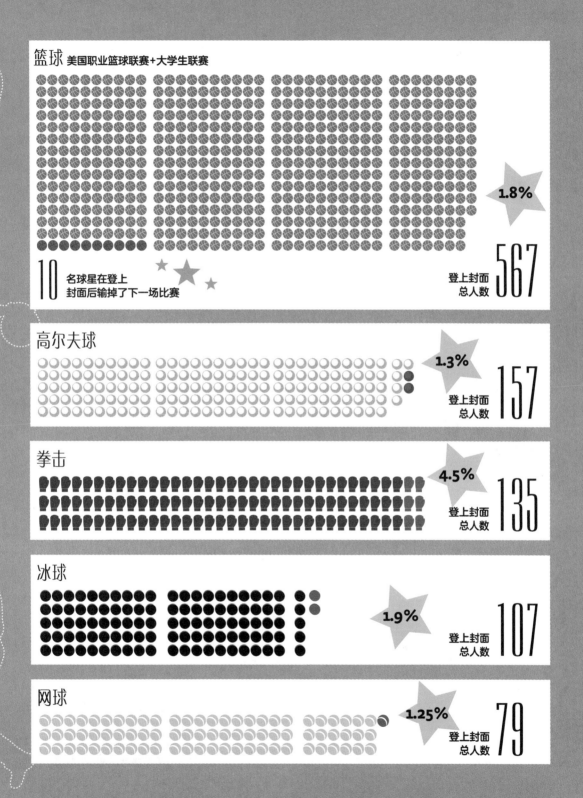

篮球 美国职业篮球联赛+大学生联赛

1.8%

10 名球星在登上
封面后输掉了下一场比赛

登上封面
总人数 567

高尔夫球

1.3%

登上封面
总人数 157

拳击

4.5%

登上封面
总人数 135

冰球

1.9%

登上封面
总人数 107

网球

1.25%

登上封面
总人数 79

世界上最困难的高尔夫球场地

这些场地能够让冠军选手感到绝望，就连经验丰富的老手也会对其间的深谷、丛林、沼泽和沙坑感到头疼。根据美国有线电视新闻网（CNN）的报道，它们同时也是"最危险"的场地。

黄沙肆虐

呼啸峡球场，
美国威斯康星州科勒
7790码（1码约为0.9米），标准杆
72杆，场地指数77.2，斜度指数152
由皮特·戴伊在1998年设计
有967个沙坑，强风

美丽的野兽

北爱尔兰皇家乡村球场，
北爱尔兰唐郡纽卡斯尔
7186码，标准杆71杆，场地
指数75，斜度指数142 **由唐纳**
德·斯蒂尔在1997年、2004年设计[老汤姆·莫
里斯（1889年）和哈利·柯尔特（1925年）]
金雀花簇拥的球道、强风、
较深的沙坑、盲区

贝斯佩奇黑色球场，美国纽约
7366码，标准杆71杆，
场地指数76.6，斜度指数148
由里斯·琼斯在1997年
设计[奥·蒂林哥斯特
（1935年）]
狭窄的球道、无数沙
坑、难以企及的果岭

对技巧的终极挑战

海洋球场，美国南卡罗来纳州基洼岛
7356码，标准杆72杆，
场地指数77.3，斜度指数144
由皮特和爱丽丝·戴伊在1991年设计

巨大的沙丘、10个靠近海边的球洞、
多刺的灌木、草皮极度光滑的果岭

来自海水的折磨

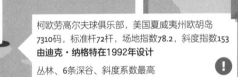

丛林挑战

柯欧劳高尔夫球俱乐部，美国夏威夷州欧胡岛
7310码，标准杆72杆，场地指数78.2，斜度指数153
由迪克·纳格特在1992年设计

丛林、6条深谷、斜度系数最高

场地指数： 表示了场地对零差点球员
（高手）来说的难度，主要是综合考
虑场地的码数及其他可能加大得分难
度的因素，最终得出指数。

　资料来源：CNN，usga网站，worldgolf网站

完美风暴

卡诺斯蒂高尔夫球场，英国苏格兰邓迪市
7421码，标准杆71杆，场地指数75.1，斜度指数145
由詹姆斯·布莱德在1926年设计[老汤姆·莫里斯（1840年）]

多暴雨、球洞靠近海岸、糊状沙坑、强风

强风通道

玉龙雪山高尔夫球俱乐部，中国云南省丽江
8548码，标准杆72杆，场地指数73.4，
斜度指数140
由罗宾·纳尔逊/尼尔·海沃斯设计

高海拔使得击球困难，强风，
需要在稀薄的空气中长途跋涉

绍嘉纳高尔夫球俱乐部棕榈球场，
马来西亚吉隆坡
6992码，标准杆72杆，
场地指数75.1，斜度指数142
由罗恩·弗利姆在1986年设计

丛林、起伏的光滑果岭

绿色眼镜蛇

图斯罗克高尔夫球场，毛里求斯鹿岛
7056码，标准杆72杆，场地指数79，斜度指数155
由伯恩哈德·朗格在2003年设计

击球点和果岭之间距离远，横跨沼泽地，积水、
长达200码的沙坑

毁灭之岛

拐子角高尔夫球场，新西兰霍克斯湾
7119码，标准杆71杆，场地指数76.6，斜度指数145
由汤姆·多克在2004年设计

强劲海风、深谷、183米长的下坡狭窄球道

悬崖峭壁

斜度指数： 表示高尔夫球场对专家
选手来说的难度，用于计算球员的
差点。

因为他们的代言物有所值

主流体育明星的身价不再完全由他们在运动场上取得的成绩来决定，同样重要的是，他们能够取得的赞助和代言。如果我们从体育明星身上选取不同的部位来组成一个最具商业价值的人，那么他将会是这个样子。

头带
德里克·罗斯（篮球），赞助商阿迪达斯，
价值2.6亿美元

帽子
罗里·麦克罗伊（高尔夫球），赞助商耐克，
价值2.5亿美元

手臂
德瑞克·基特（棒球），
价值3500万美元/年
（投手的工资）

手表
罗杰·费德勒（网球），
赞助商劳力士，
价值1000万美元

鞋
勒布朗·詹姆斯（篮球），
赞助商耐克，
价值1.33亿美元

上衣
曼彻斯特联队（足球），
赞助商雪佛兰，
价值8000万美元/年

内裤
克里斯蒂亚诺·罗纳尔多（足球），赞助商阿玛尼，
价值1800万美元

资料来源：维基百科，yahoo网站，opendorse网站

8.248亿
美元

头发
特洛伊·波拉梅鲁（美式橄榄球），
赞助商海飞丝，
价值100万美元

脸
乔治·福尔曼（拳击），赞
助商萨尔顿（福尔曼的脸被
印在该公司的烤肉机上），
价值1.37亿美元

腕带
安迪·穆雷（网球），
赞助商阿迪达斯，
价值500万美元

手
加雷斯·贝尔（足球），用手
比出心形的庆祝方式，
保险金额550万美元/年

短裤
尤赛恩·博尔特（短跑），
赞助商彪马，
价值1000万美元/年

举世闻名的宿敌之战

不论是国家还是个人，不论是比喻还是真实意义上战场上的对手，宿敌之间的比赛有时可以消除双方的摩擦。但从过去这些闻名世界的宿敌之战来看，情况并不总是这样。

国家

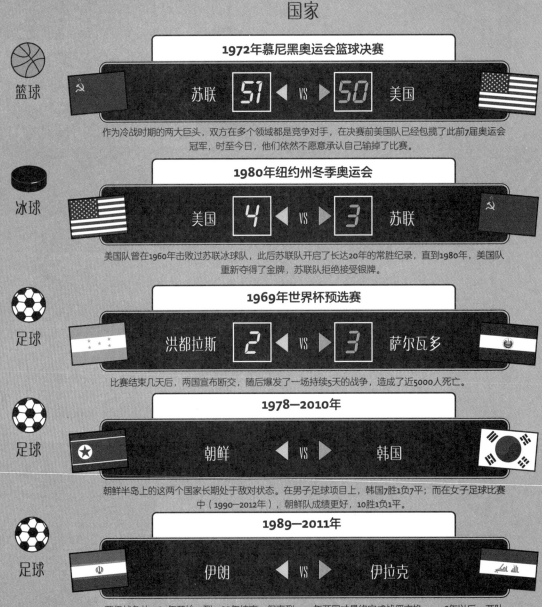

1972年慕尼黑奥运会篮球决赛

篮球

苏联 **51** ◀ VS ▶ **50** 美国

作为冷战时期的两大巨头，双方在多个领域都是竞争对手，在决赛前美国队已经包揽了此前7届奥运会冠军，时至今日，他们依然不愿意承认自己输掉了比赛。

1980年纽约州冬季奥运会

冰球

美国 **4** ◀ VS ▶ **3** 苏联

美国队曾在1960年击败过苏联冰球队，此后苏联队开启了长达20年的常胜纪录，直到1980年，美国队重新夺得了金牌，苏联队拒绝接受银牌。

1969年世界杯预选赛

足球

洪都拉斯 **2** ◀ VS ▶ **3** 萨尔瓦多

比赛结束几天后，两国宣布断交，随后爆发了一场持续5天的战争，造成了近5000人死亡。

1978—2010年

足球

朝鲜 ◀ VS ▶ 韩国

朝鲜半岛上的这两个国家长期处于敌对状态。在男子足球项目上，韩国7胜1负7平；而在女子足球比赛中（1990—2012年），朝鲜队成绩更好，10胜1负1平。

1989—2011年

足球

伊朗 ◀ VS ▶ 伊拉克

两伊战争从1980年开始，到1988年结束，但直到2003年两国才最终完成战俘交换。1976年以后，两队第一次交锋是在1989年的伊斯兰和平杯上，最终打成平手。在接下来的13场比赛中，伊拉克胜3场，伊朗胜7场，另有3场平局。

个人

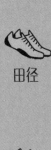

1936年奥运会

田径 杰西·欧文斯 ◀ VS ▶ 希特勒和法西斯主义

纳粹德国试图将1936年柏林奥运会变成一场展示雅利安民族优越性的大会，但美国籍黑人运动员杰西·欧文斯一举包揽了4枚金牌：100米、200米、4×100米和跳远。

1980年奥运会

田径 史蒂夫·奥维特 ◀ VS ▶ 塞巴斯蒂安·科

奥维特和科两人在那个10年中对中距离项目有着绝对的统治力，但两人并不是朋友。人们普遍认为科会赢得莫斯科奥运会的800米项目，但胜出的却是奥维特；而在奥维特的优势项目1500米上，却是科笑到了最后，但两人之间的敌意并没有得到缓和。

1910年

拳击 杰克·约翰逊 ◀ VS ▶ 詹姆斯·杰弗里斯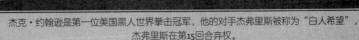

杰克·约翰逊是第一位美国黑人世界拳击冠军，他的对手杰弗里斯被称为"白人希望"，杰弗里斯在第15回合弃权。

1933年

拳击 马克斯·施梅林 ◀ VS ▶ 巴克斯·贝尔

施梅林不但是1930—1932年的重量级世界拳王，也是希特勒纳粹党的宠儿。他的对手贝尔穿着绣着大卫王之星（犹太教标志）的短裤走上拳台，并在第10回合击倒了施梅林。

1972年

国际象棋 鲍比·费舍尔 ◀ VS ▶ 鲍里斯·斯帕斯基

来自美国和苏联的棋手在棋盘上的冷战。比赛在"中立"的雷克雅未克举行，最终费舍尔以121/2对81/2赢得了比赛。

1994年美国锦标赛

花样滑冰 托尼亚·哈丁 ◀ VS ▶ 南茜·克里根

哈丁的前夫雇用了一名凶手，在美国花样滑冰锦标赛之前雇凶殴打克里根，使其膝盖受伤无法参赛。哈丁最终获得了冠军。恢复健康的克里根则在奥运会上夺得了银牌，而哈丁仅名列第八。哈丁最终被剥夺了美国锦标赛的冠军头衔，并被终身禁赛。

资料来源：维基百科

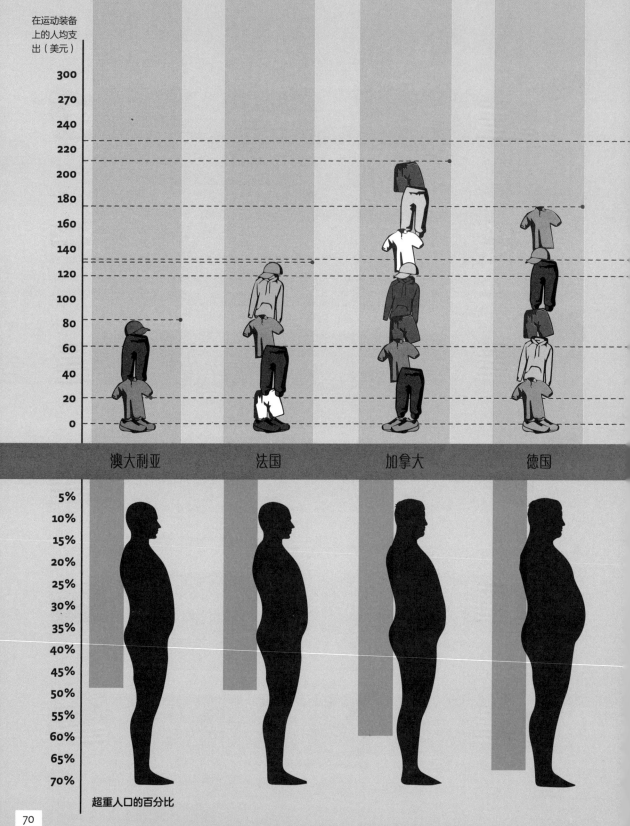

在运动装备上的人均支出（美元）

300
270
240
220
200
180
160
140
120
100
80
60
40
20
0

澳大利亚　　　　法国　　　　加拿大　　　　德国

5%
10%
15%
20%
25%
30%
35%
40%
45%
50%
55%
60%
65%
70%

超重人口的百分比

70

健康的国家？

主要的运动品牌都会花费数以百万计的资金聘请体育明星为自己的品牌代言，从而鼓励参与体育运动的普通人购买自己的商品。但是这些运动装备真的是为体育运动而购买的吗？至少从下面对体重和购买运动装备的支出进行比较所得的结果来看，并不是这样的。

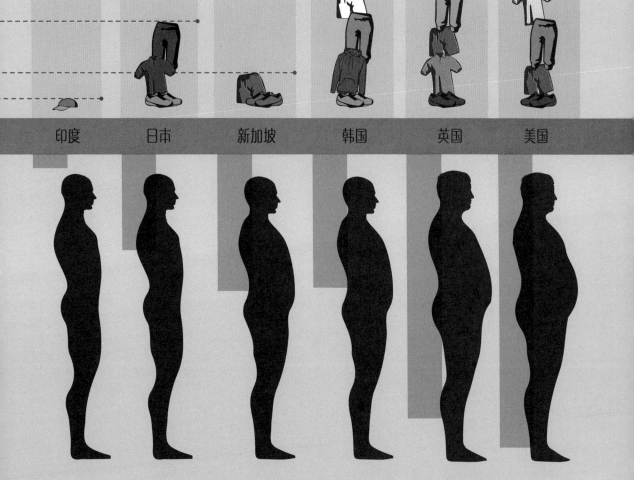

印度　　日本　　新加坡　　韩国　　英国　　美国

资料来源：who网站，getfilings网站

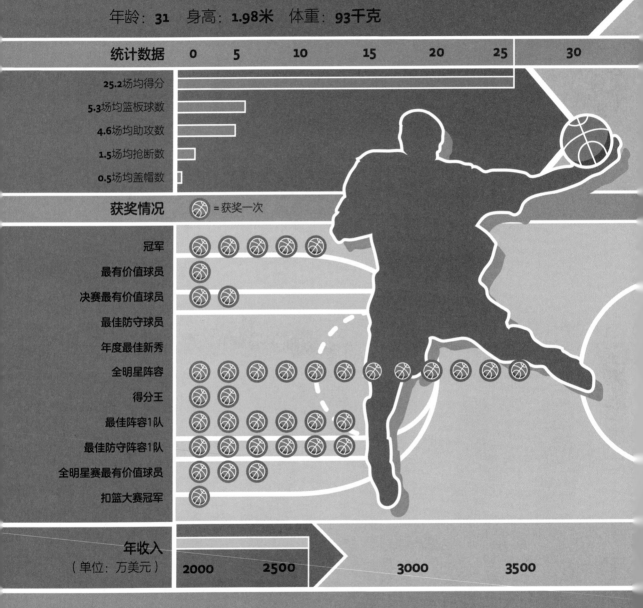

科比·布莱恩特

球衣：24号

年龄：31　身高：1.98米　体重：93千克

统计数据	0	5	10	15	20	25	30
25.2场均得分							
5.3场均篮板球数							
4.6场均助攻数							
1.5场均抢断数							
0.5场均盖帽数							

获奖情况　🏀 ＝获奖一次

冠军
最有价值球员
决赛最有价值球员
最佳防守球员
年度最佳新秀
全明星阵容
得分王
最佳阵容1队
最佳防守阵容1队
全明星赛最有价值球员
扣篮大赛冠军

年收入（单位：万美元）　2000　2500　3000　3500

历史上的强者

科比·布莱恩特还在NBA赛场上奋战，但他已经31岁了[①]。迈克尔·乔丹第一次退役时是30岁，

① 科比于2016年宣布退役，时年38岁。2020年1月26日，科比因直升机事故不幸遇难。——译者注

迈克尔·乔丹

球衣：23号、45号、9号

体重：**97.5千克**　身高：**1.98米**　年龄：**47**

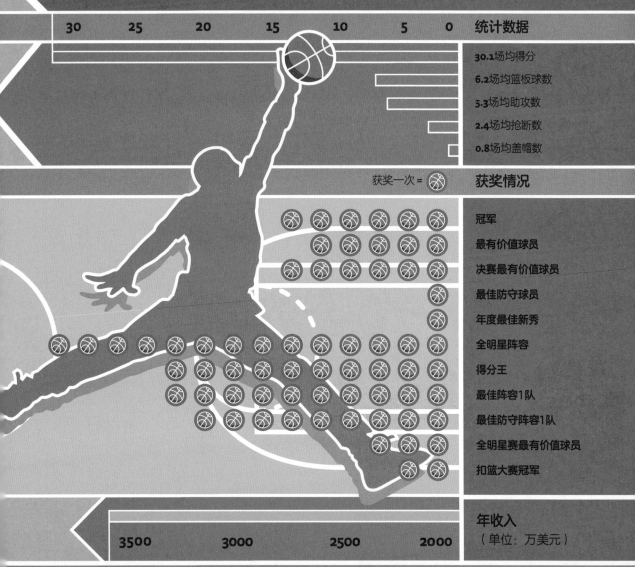

30	25	20	15	10	5	0	统计数据

- **30.1**场均得分
- **6.2**场均篮板球数
- **5.3**场均助攻数
- **2.4**场均抢断数
- **0.8**场均盖帽数

获奖一次 = 🏀　**获奖情况**

- 冠军
- 最有价值球员
- 决赛最有价值球员
- 最佳防守球员
- 年度最佳新秀
- 全明星阵容
- 得分王
- 最佳阵容1队
- 最佳防守阵容1队
- 全明星赛最有价值球员
- 扣篮大赛冠军

年收入
（单位：万美元）

3500	3000	2500	2000

所以也许现在可以把两个人的职业生涯放在一起做一个比较，毕竟他们各自的拥趸都把自己的偶像看作史上最佳球员。

药物并没有什么用

　　有许多职业运动员使用违禁药物，以期望在比赛中获得优势，或者至少不要被别人落下。从数据来看，自行车和举重运动员在这方面的问题更加显著，他们甚至愿意尝试任何有可能提高成绩的药物，其中就包括以下8种经常被发现的物质。

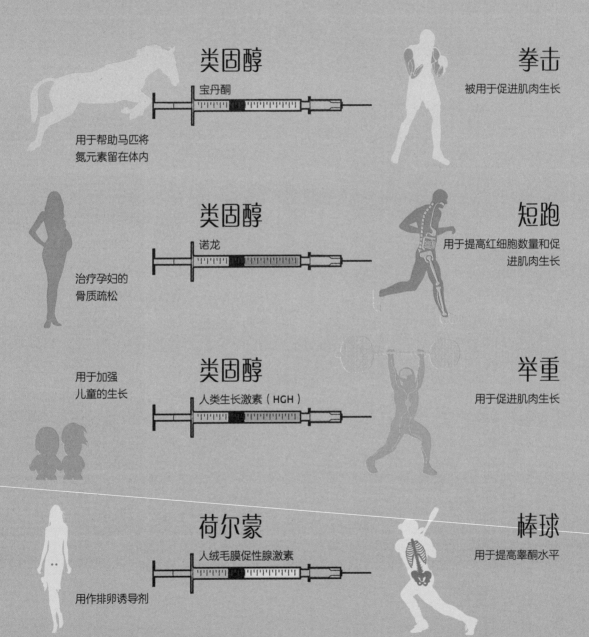

类固醇
宝丹酮
用于帮助马匹将
氮元素留在体内

拳击
被用于促进肌肉生长

类固醇
诺龙
治疗孕妇的
骨质疏松

短跑
用于提高红细胞数量和促进肌肉生长

类固醇
人类生长激素（HGH）
用于加强
儿童的生长

举重
用于促进肌肉生长

荷尔蒙
人绒毛膜促性腺激素
用作排卵诱导剂

棒球
用于提高睾酮水平

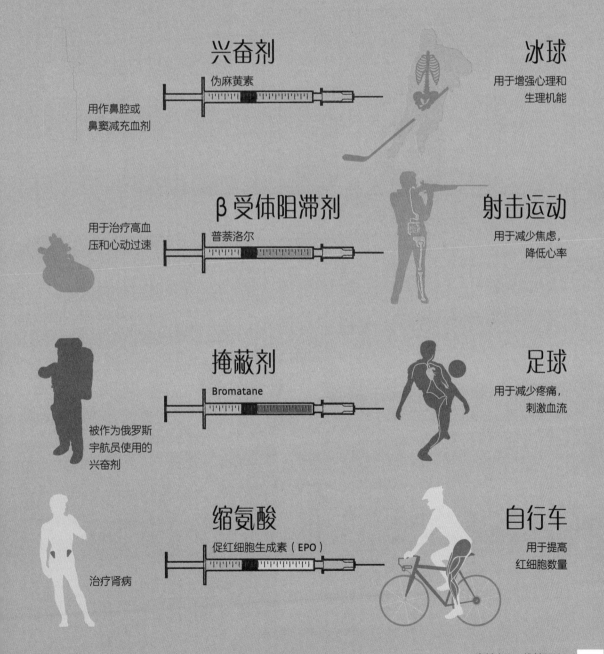

兴奋剂

伪麻黄素

用作鼻腔或
鼻窦减充血剂

冰球

用于增强心理和
生理机能

β 受体阻滞剂

普萘洛尔

用于治疗高血
压和心动过速

射击运动

用于减少焦虑，
降低心率

掩蔽剂

Bromatane

被作为俄罗斯
宇航员使用的
兴奋剂

足球

用于减少疼痛，
刺激血流

缩氨酸

促红细胞生成素（EPO）

治疗肾病

自行车

用于提高
红细胞数量

我们如何发明了极限运动？

直升机滑雪

1958年，美国阿拉斯加本特·桑达尔，美国

需要的装备
直升机、滑雪设备、白雪覆盖的山坡

做法
在山顶从直升机上跳下，滑雪至山脚或直升机停靠点

定点跳伞

1981年，美国得克萨斯州休斯敦（菲尔·史密斯、菲尔·梅菲尔德、卡尔·伯尼什、简·伯尼什，美国）

需要的装备
2副降落伞；4座高耸的设施（以供跳下），如高楼、天线塔、拥有巨大跨度的建筑（大桥）和悬崖

做法
从建筑物、天线塔、悬崖等高点上跳下，利用降落伞降落到地面

活火山悬挂式滑翔机飞行

1991年，墨西哥科多帕希火山（朱迪·莱登，英国）

需要的装备
悬挂式滑翔机、活火山、直升机或登山设备

做法
乘滑翔机飞至火山口

冲浪、滑雪、滑冰及各种滑水都可算作危险的运动，但还不算是极限运动。成为极限运动的前提是必须对参与者的身体和能力极限构成挑战，地点具有一定的危险性、偏远性或者奇特性，甚至是高海拔这种极端环境。这里我们分析了人们如何发展出了从直升机滑雪到极限熨衣等一系列极限运动。

需要的设备

1米长、0.3米宽的有腿熨衣板，货真价实的熨斗（不能是塑料制品），衣物，拍摄整个过程的同伴，适合极限运动的场所

做法

在某个极限运动场所（如水下、山顶或自由落体时）熨衣，并全程摄像

极限熨衣

1997年，英格兰莱切斯特（菲尔·萧，昵称"蒸汽"，英国）

蹦极

1979年，英格兰布里斯托（大卫·科克、克里斯·贝克、艾德、赫尔顿、阿伦·威斯特顿，英国）

需要的装备

一条长而结实的弹性绳索、一座很高的设施（或者一架直升机）、对高度没有畏惧

做法

从高处跳下，随着绳索的弹性弹起，直至回弹的力被耗尽

跑酷

1985年，法国（大卫·贝拉、塞巴斯蒂安·福坎，法国）

滑翔伞

1978年，法国（让-克劳德·贝当、安德烈·伯恩、杰拉德·伯桑，法国）

需要的设备

特别健壮的身体、不会松开的鞋子

做法

跳跃、攀爬、翻滚，沿着高墙、篱笆和其他都市地形奔跑，包括天花板和某种限制性场所

需要的设备

由同一种材料制成的滑翔伞衣以及其下规定好的驾驶位、可以跳下的高处

做法

利用滑翔伞衣在空气中滑翔，通过连接在伞衣上的绳索控制

你是不是足够强壮?

你如果想要检测你的力量、耐力和勇气,那么可以尝试一下"最强泥人"障碍赛道,它被称为"地球上最困难的赛道"。有来自7个国家的100多万名选手尝试过了这段16~19千米长的障碍赛跑道,平均完成比例只有78%。相信看完图示后,你就知道为什么了。

起点

翻越原木

英雄负重

高墙翻越

泥泞的一英里

火上行走

疯狂的猴子

山岳之王

地狱之梯

资料来源: toughmudder网站

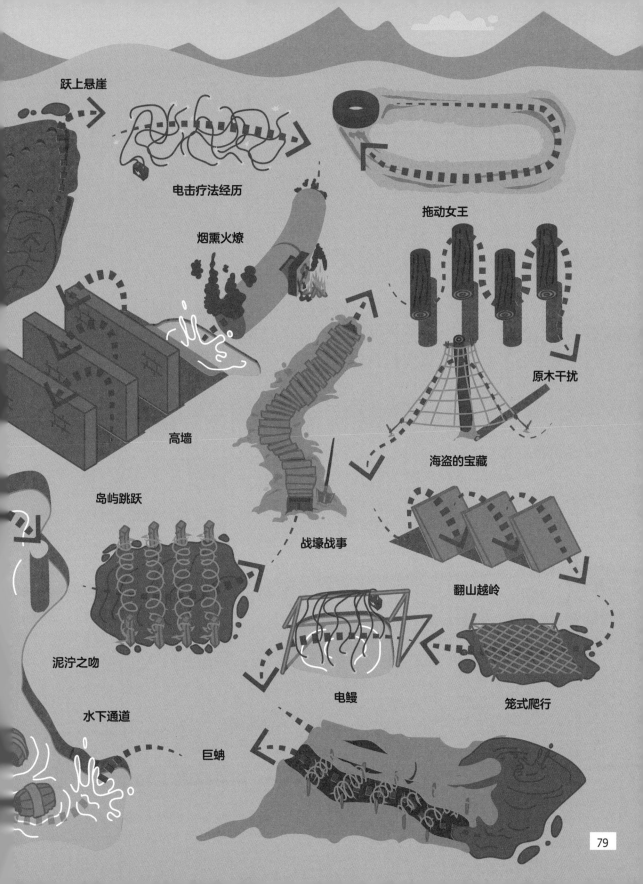

跃上悬崖

电击疗法经历

烟熏火燎

拖动女王

原木干扰

高墙

海盗的宝藏

岛屿跳跃

战壕战事

翻山越岭

泥泞之吻

电鳗

笼式爬行

水下通道

巨蚺

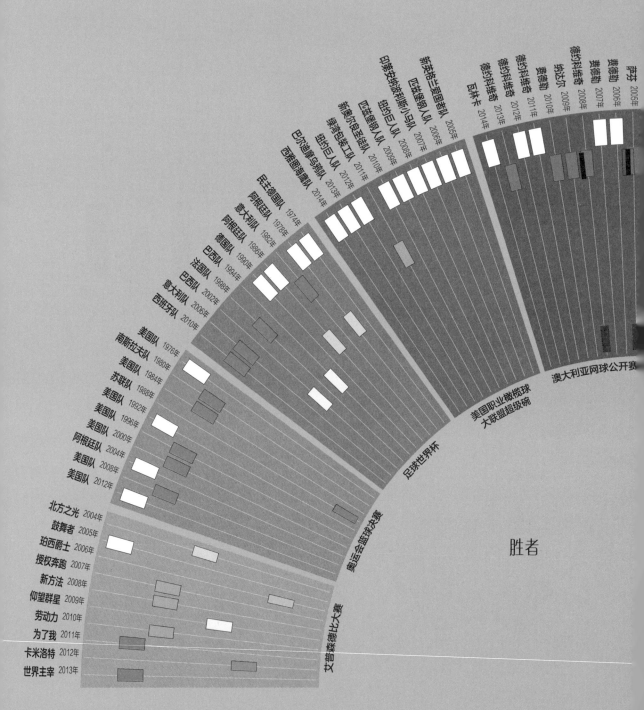

萨芬 2005年
费德勒 2006年
费德勒 2007年
德约科维奇 2008年
纳达尔 2009年
费德勒 2010年
德约科维奇 2011年
德约科维奇 2012年
德约科维奇 2013年
瓦林卡 2014年

印第安纳波利斯小马队 2006年
匹兹堡钢人队 2005年
新英格兰爱国者队 2003年
纽约巨人队 2007年
匹兹堡钢人队 2008年
新奥尔良圣徒队 2009年
绿湾包装工队 2010年
纽约巨人队 2011年
巴尔的摩乌鸦队 2012年
西雅图海鹰队 2013年
新英格兰爱国者队 2014年

民主德国队 1974年
阿根廷队 1978年
意大利 1982年
阿根廷队 1986年
德国队 1990年
巴西队 1994年
法国队 1998年
巴西队 2002年
意大利队 2006年
西班牙队 2010年

美国队 1976年
南斯拉夫队 1980年
美国队 1984年
苏联队 1988年
美国队 1992年
美国队 1996年
美国队 2000年
阿根廷队 2004年
美国队 2008年
美国队 2012年

北方之光 2004年
鼓舞者 2005年
珀西爵士 2006年
授权奔跑 2007年
新方法 2008年
仰望群星 2009年
劳动力 2010年
为了我 2011年
卡米洛特 2012年
世界主宰 2013年

澳大利亚网球公开赛

美国职业橄榄球
大联盟超级碗

足球世界杯

奥运会篮球决赛

艾普森德比大赛

胜者

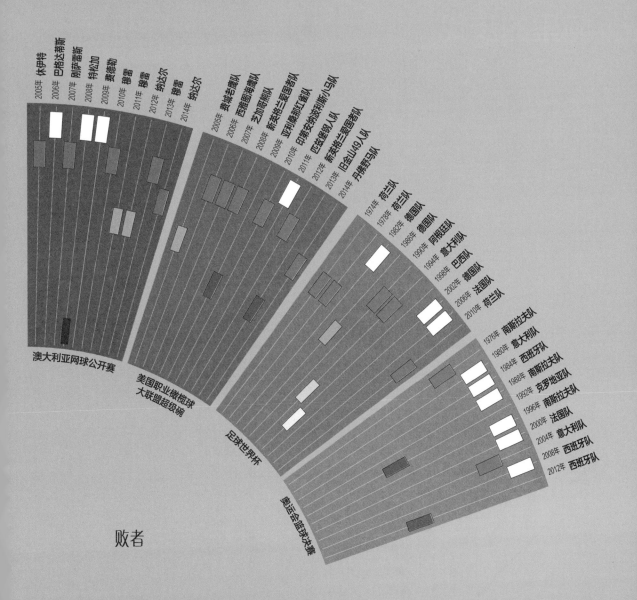

穿白色就能赢

体育运动中到底存不存在幸运色呢？许多运动员都这样认为，我们选择了5种运动作为考察的对象，似乎某些颜色确实能够帮助运动员取得胜利。

阿里的步伐

在职业生涯之初，穆罕默德·阿里就以优异的步伐闻名，往往能通过灵活的身法闪过对手的重拳。随着年龄的增长，他也开始挨对手的拳头，但是依然依靠步伐游斗。这里我们列举了阿里最著名的4场比赛，并且分析了他在比赛中的运动轨迹。

阿里 VS 索尼·利斯顿

美国迈阿密 1964年2月25日

6回合

阿里击倒对手

利斯顿站在拳台中央，阿里则在他四周游走，像蜜蜂一样挥出凶猛的刺拳。

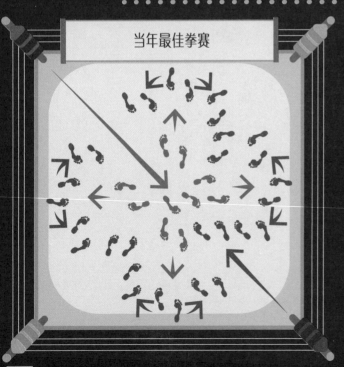

当年最佳拳赛

阿里 VS 乔·弗雷泽

美国纽约 1971年3月8日

15回合

弗雷泽点数获胜

阿里依然选择灵活的游走，但弗雷泽在第3回合快要结束的时候堵住了他，逼迫他与自己在围绳附近交战，直到阿里摆脱之后继续依靠步伐进行游走。

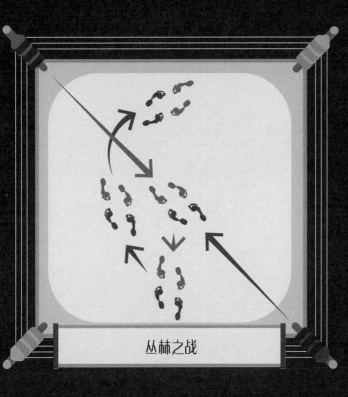

阿里 VS 乔·乔治·福尔曼

刚果（金）民主共和国萨莎

1974年10月30日

8回合

阿里击倒对手

阿里站在围绳旁边，任由福尔曼整整攻击了5个回合，但他凭借牢固的防守抵挡住了对方的攻击，而后以突如其来的组合拳击倒了福尔曼。

丛林之战

阿里 VS 乔·弗雷泽

（第三次交手）

菲律宾奎松城

1975年10月1日

14回合

阿里击倒对手

前3个回合，阿里仍然选择依靠步伐游走，但在第6回合，弗雷泽抓住机会，将阿里逼到了围绳附近。此后他们互有攻击。弗雷泽占据了拳台中央的位置，但脸部已经肿了起来。

马尼拉的震撼

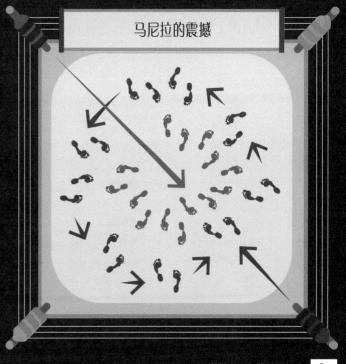

资料来源：维基百科

击球的力量

许多运动都需要用一个物体去击打另一个。用来击打的球棒或球拍的造型和尺寸各不相同，能够传导的力量自然也有很大差异。那么到底哪一种的效率最高呢？

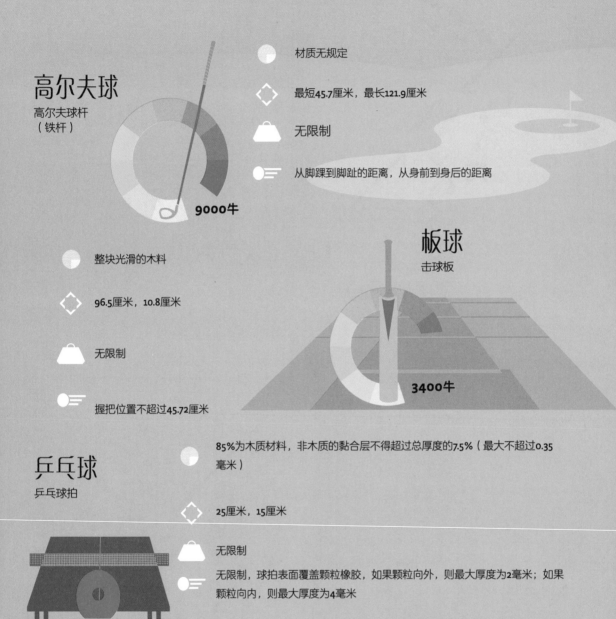

高尔夫球
高尔夫球杆
（铁杆）

材质无规定

最短45.7厘米，最长121.9厘米

无限制

从脚踝到脚趾的距离，从身前到身后的距离

9000牛

板球
击球板

3400牛

整块光滑的木料

96.5厘米，10.8厘米

无限制

握把位置不超过45.72厘米

乒乓球
乒乓球拍

85%为木质材料，非木质的黏合层不得超过总厚度的7.5%（最大不超过0.35毫米）

25厘米，15厘米

无限制

无限制，球拍表面覆盖颗粒橡胶，如果颗粒向外，则最大厚度为2毫米；如果颗粒向内，则最大厚度为4毫米

资料来源：livestrong网站，hypertextbook网站，physics.usyd网站，squashplayer网站，badmintoncentral网站，itftennis网站，mlb网站，lords网站，etta网站，randa网站，worldsquash网站，bwfbadminton网站

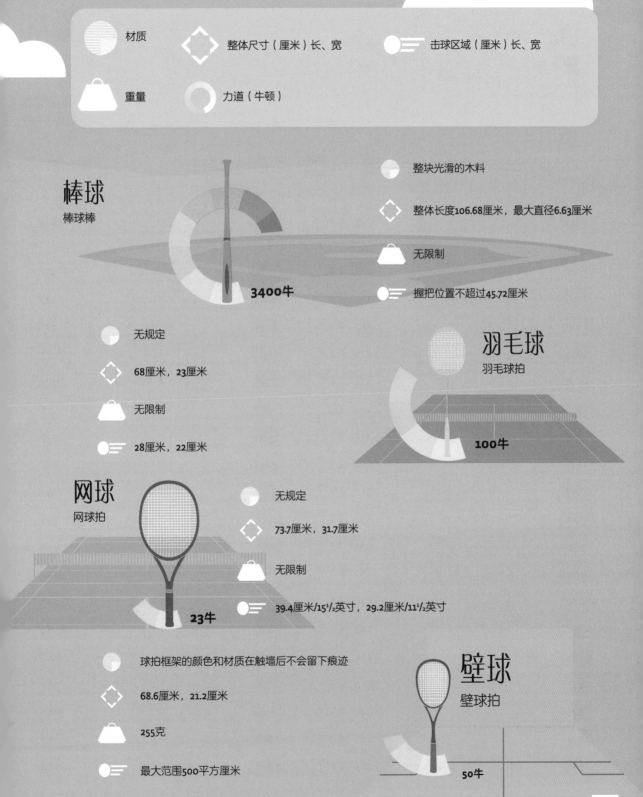

材质　　整体尺寸（厘米）长、宽　　击球区域（厘米）长、宽

重量　　力道（牛顿）

棒球
棒球棒

整块光滑的木料

整体长度106.68厘米，最大直径6.63厘米

无限制

握把位置不超过45.72厘米

3400牛

无规定

68厘米，23厘米

无限制

28厘米，22厘米

羽毛球
羽毛球拍

100牛

网球
网球拍

无规定

73.7厘米，31.7厘米

无限制

39.4厘米/15¹/₂英寸，29.2厘米/11¹/₂英寸

23牛

球拍框架的颜色和材质在触墙后不会留下痕迹

68.6厘米，21.2厘米

255克

最大范围500平方厘米

壁球
壁球拍

50牛

科技领导创新

自从1973年首届世界汽车拉力锦标赛以来，获胜车辆的厂家都会根据冠军车辆开发出适合公路行驶的车型。我们对比赛冠军和普通人也能使用的公路车型的发动机等进行了比较。

拉力车型		发动机排量	国家 年份	制动马力	普通车型	
最大制动马力						
1605	雷诺ALPINE A110	138	法国 1973	1605	雷诺17TS8V	107
	最大发动机排量					
2419	蓝旗亚FULVIA HF/STRATOS HF	187	意大利 1974	2419	蓝旗亚STRATOS	187
2419	蓝旗亚STRATOS HF	187	意大利 1975	2419	蓝旗亚STRATOS	187
2419	蓝旗亚FULVIA HF/STRATOS HF	187	意大利 1976	2419	蓝旗亚STRATOS	187
1995	菲亚特131 ABARTH	212	意大利 1977	1995	菲亚特131 ABARTH	137
1995	菲亚特131 ABARTH	212	意大利 1978	1995	菲亚特131 ABARTH	137
1993	福特ESCORT RS1800	250	美国/英国 1979	1993	福特ESCORT RS1800	113
1995	菲亚特131 ABARTH	212	意大利 1980	1995	菲亚特131 ABARTH	137
2172	塔尔博特 SUNBEAM LOTUS	250	意大利 1981	2172	塔尔博特 SUNBEAM LOTUS	150
2144	奥迪 QUATTRO	350	德国 1982	2144	奥迪 QUATTRO	197
2111	蓝旗亚 037	331	意大利 1983	1995	蓝旗亚037 拉力	205
2109	奥迪 QUATTRO A1/A2	370	德国 1984	2133	奥迪 QUATTRO S1	302
1775	标致205 TURBO 16/16E2	350	法国 1985	1775	标致205 T16	197
1775	标致205 TURBO 16E2	430	法国 1986	1775	标致205 T16	197
1995	蓝旗亚 DELTA HF 4WD	250	意大利 1987	1995	蓝旗亚 DELTA HF 4WD TURBO	165
1995	蓝旗亚 DELTA HF 4WD/INTEGRALE 8V	250	意大利 1988	1995	蓝旗亚 DELTA HF 4WD/INTEGRALE 8V	185
1995	蓝旗亚 DELTA INTEGRALE 16V	345	意大利 1989	1995	蓝旗亚 DELTA INTEGRALE 16V	197
1995	蓝旗亚 DELTA INTEGRALE 16V	345	意大利 1990	1995	蓝旗亚 DELTA INTEGRALE 16V	197
1995	蓝旗亚 DELTA INTEGRALE 16V	345	意大利 1991	1995	蓝旗亚 DELTA INTEGRALE 16V	197
1998	蓝旗亚 DELTA HF INTEGRALE	215	意大利 1992	1998	蓝旗亚 DELTA HF INTEGRALE	178

1998	丰田 CELICA-FOUR ST185	299	日本 1993	1998	丰田 CELICA GT-4	201
1998	丰田 CELICA-FOUR ST185	299	日本 1994	1998	丰田 CELICA GT-4	201
1994	斯巴鲁IMPREZA WRC555	295	日本 1995	1998	斯巴鲁IMPREZA 22B STI	276
1994	斯巴鲁IMPREZA WRC555	295	日本 1996	1998	斯巴鲁IMPREZA S201 STI	296
1994	斯巴鲁IMPREZA WRC97	300	日本 1997	1998	斯巴鲁IMPREZA WRX STI TYPE RA	276
1997	三菱LANCER EVOLUTION IV/V	280	日本 1998	1997	三菱LANCER EVO V GSR GF-CP9A	276
1972	丰田COROLLA WRC	299	日本 1999	1587	丰田COROLLA RXI	154
1997	标致206 WRC	300	法国 2000	1997	标致206 RC	174
1997	标致206 WRC	300	法国 2001	1997	标致206 RC	174
1997	标致206 WRC	300	法国 2002	1997	标致206 RC	174
1998	雪铁龙 XSARA WRC	315	法国 2003	1998	雪铁龙 XSARA VTS/FWD	161
1998	雪铁龙 XSARA WRC	315	法国 2004	1998	雪铁龙 XSARA VTS/FWD	161
1998	雪铁龙 XSARA WRC	315	法国 2005	1998	雪铁龙 XSARA VTS/FWD	161
1998	福特FOCUS RS WRC 06	300	美国/英国 2006	1998	福特FOCUS RS	301
1998	福特FOCUS RS WRC 06/07	300	美国/英国 2007	1998	福特FOCUS RS	301
1998	雪铁龙C4 WRC	315	法国 2008	1998	雪铁龙C4 COUPE 2.0i16V	178
1998	雪铁龙C4 WRC	315	法国 2009	1998	雪铁龙C4 COUPE 2.0i16V	178
1998	雪铁龙C4 WRC	315	法国 2010	1998	雪铁龙C4 COUPE 2.0i16V	178
1598	雪铁龙 DS3 WRC	300	法国 2011	1598	雪铁龙 DS3 RACING	200
1598	雪铁龙 DS3 WRC	300	法国 2012	1598	雪铁龙 DS3 RACING	200
1600	大众 POLO R WRC	315	德国 2013	1600	大众 POLO R WRC	217

资料来源：维基百科，carfolio网站

大块头有大身价

体育运动中身材魁梧重不重要？相信绝大部分人的答案都是"是"。从右图我们可以看到，身高上几厘米的差距就会带来完全不同的结果。

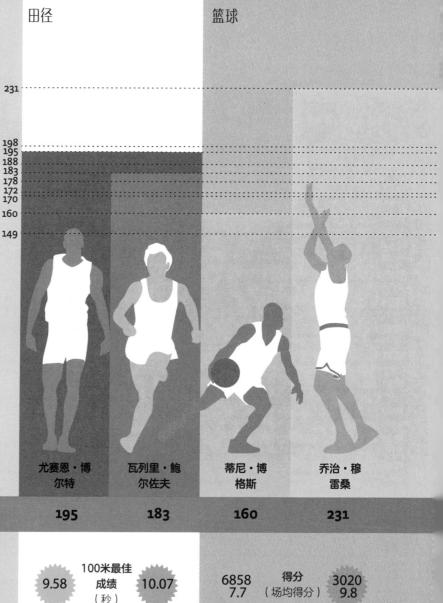

田径　　　　篮球

231
198
195
188
183
178
172
170
160
149

尤赛恩·博尔特　　瓦列里·鲍尔佐夫　　蒂尼·博格斯　　乔治·穆雷桑

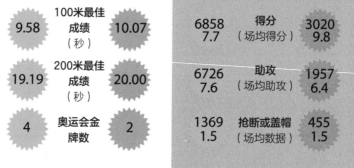

身高（厘米）	195	183	160	231

9.58	100米最佳成绩（秒）	10.07	6858 7.7	得分（场均得分）	3020 9.8
19.19	200米最佳成绩（秒）	20.00	6726 7.6	助攻（场均助攻）	1957 6.4
4	奥运会金牌数	2	1369 1.5	抢断或盖帽（场均数据）	455 1.5

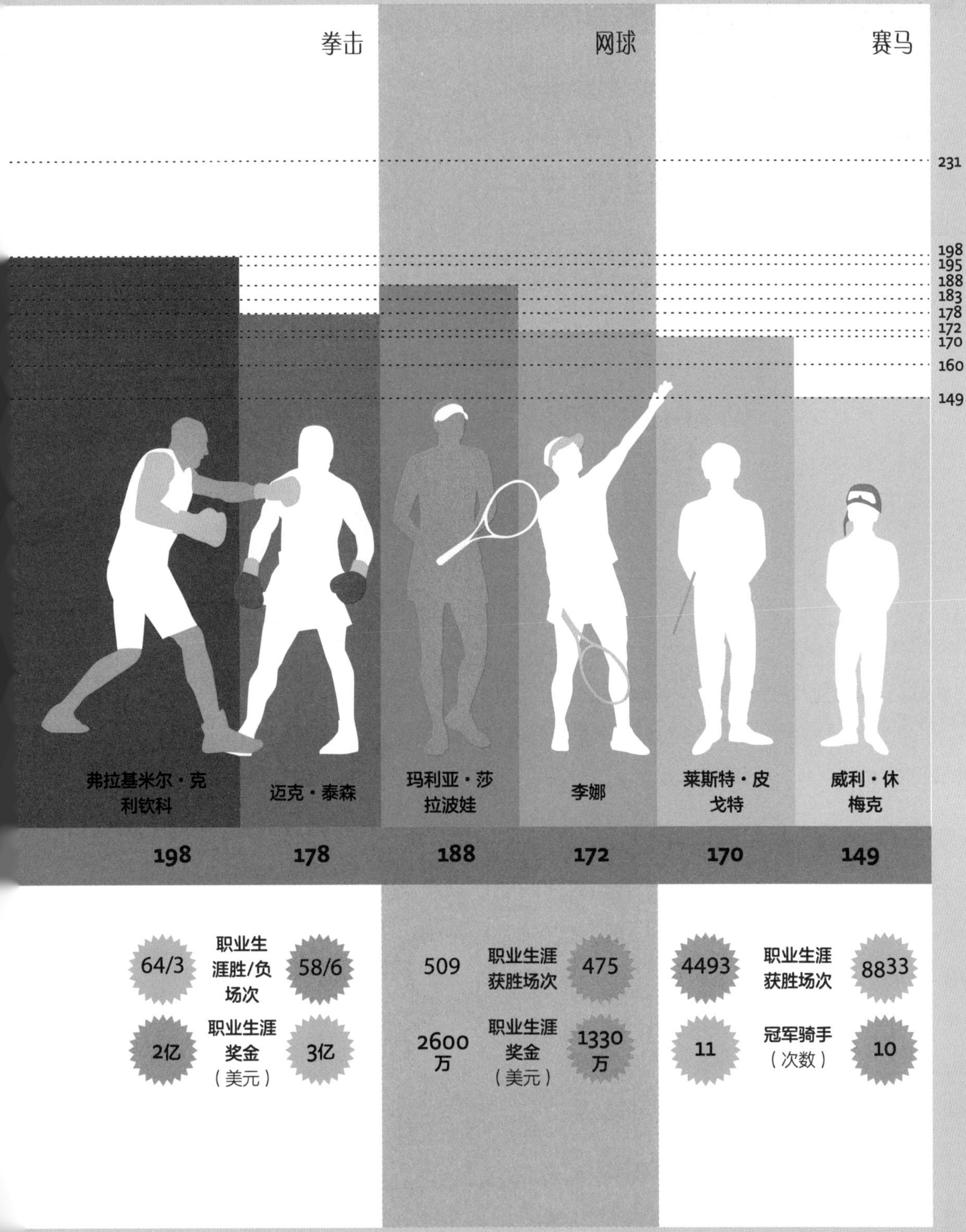

拳击　　　　　　网球　　　　　　赛马

231

198
195
188
183
178
172
170
160
149

弗拉基米尔·克利钦科	迈克·泰森	玛利亚·莎拉波娃	李娜	莱斯特·皮戈特	威利·休梅克
198	178	188	172	170	149

64/3	职业生涯胜/负场次	58/6	509	职业生涯获胜场次	475	4493	职业生涯获胜场次	8833
2亿	职业生涯奖金（美元）	3亿	2600万	职业生涯奖金（美元）	1330万	11	冠军骑手（次数）	10

资料来源：iaaf网站，basketball-reference网站，wtatennis网站

折断亚当的肋骨

如果体育运动与性别联系在一起，那么不同性别的冠军可能无法获得同样的奖励。女性在许多领域都已经获得了平等的权利，但在许多方面仍然需要继续争取。

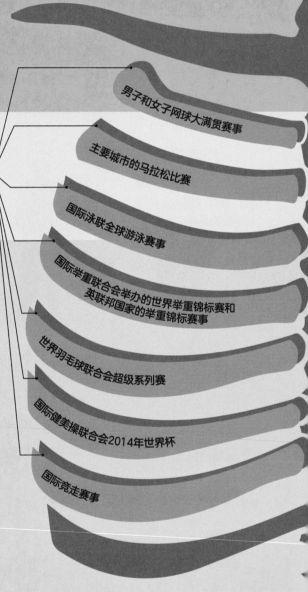

授予男性和女性冠军相同奖金的比赛

- 男子和女子网球大满贯赛事
- 主要城市的马拉松比赛
- 国际泳联全球游泳赛事
- 国际举重联合会举办的世界举重锦标赛和英联邦国家的举重锦标赛事
- 世界羽毛球联合会超级系列赛
- 国际健美操联合会2014年世界杯
- 国际竞走赛事

47   53

15岁及以上不同性别人群日常各自参与各项体育运动的比例

男性的比例 ●   女性的比例 ●

篮球	86	14	跑步	58	42
高尔夫球	82	18	徒步	56	44
足球	80	20	保龄球	54	46
棒球、垒球	72	28	舞蹈	44	56
使用球拍的运动	69	31	散步	43	57
自行车	66	34	瑜伽	20	80
举重	64	36	有氧运动	17	83
			游泳、冲浪、滑水		

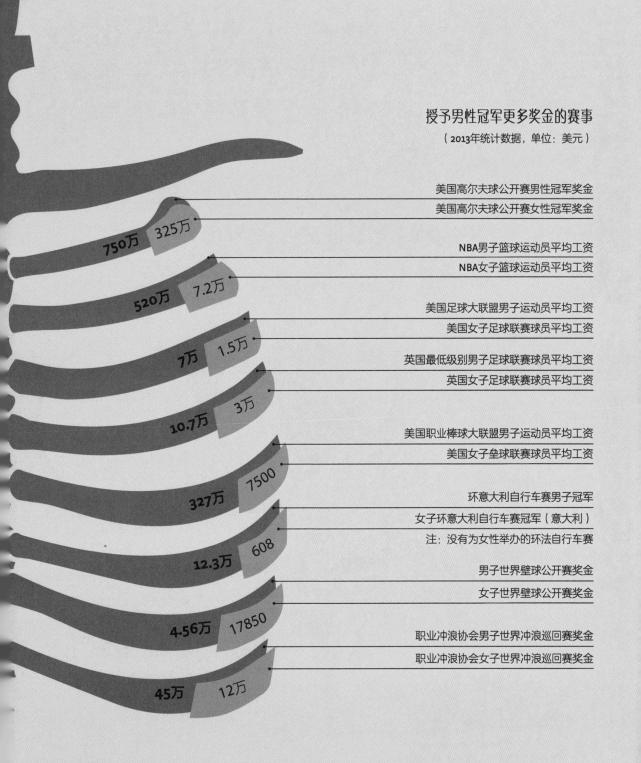

授予男性冠军更多奖金的赛事

（2013年统计数据，单位：美元）

750万 / 325万 — 美国高尔夫球公开赛男性冠军奖金 / 美国高尔夫球公开赛女性冠军奖金

520万 / 7.2万 — NBA男子篮球运动员平均工资 / NBA女子篮球运动员平均工资

7万 / 1.5万 — 美国足球大联盟男子运动员平均工资 / 美国女子足球联赛球员平均工资

10.7万 / 3万 — 英国最低级别男子足球联赛球员平均工资 / 英国女子足球联赛球员平均工资

327万 / 7500 — 美国职业棒球大联盟男子运动员平均工资 / 美国女子垒球联赛球员平均工资

12.3万 / 608 — 环意大利自行车赛男子冠军 / 女子环意大利自行车赛冠军（意大利）

注：没有为女性举办的环法自行车赛

4.56万 / 17850 — 男子世界壁球公开赛奖金 / 女子世界壁球公开赛奖金

45万 / 12万 — 职业冲浪协会男子世界冲浪巡回赛奖金 / 职业冲浪协会女子世界冲浪巡回赛奖金

资料来源：bls网站，维基百科，fina网站，usatoday网站，iwf网站，active网站，equalizersoccer网站

完美的击球

高尔夫球中的挥杆可能是体育运动中被研究得最透彻的行为。按理说，挥杆应该不会很难，毕竟需要击打的球是放在地上静止不动的。尽力将球杆向脑后挥出，然后控制好节奏挥杆击球，将球以直线向远方击出。如果真如说起来这么简单就好了。

击球准备

1 两脚分开，同肩宽，手臂伸直，稳住手腕，球的位置应该靠近前面一只脚，但不应偏离站姿重心太远。

向后挥杆

2 挥杆的初始动作——最开始的几英尺，杆头以一条直线向后移动，上半身以手腕为轴转动。

3 球杆挥至竖直，依然指向希望球飞出的方向，手臂尽可能绷直，两条手臂相互平行，同时与地面也保持平行。

4 继续向后挥杆，直到球杆处于水平位置——此时球杆应当笔直地指向脑后。

8 继续挥杆，头部顺着球飞行方向移动，眼睛仍然看着球原来所在的地方。

9 完成击球动作，身体整个转为面朝目标，抬头，球杆挥至脑后。

5 保持球杆位于脑后，与地面平行，眼睛看着球，扭动胯部，使得其前侧面向球的方向。

7 挥杆击球，此时重心应当已经完全转移到前面一条腿上。杆头的平面与希望球飞行的方向垂直。头的位置应该在球的正上方。胯部两侧的连线延长线指向目标的方向。

向下挥杆和击球

6 球杆向下挥至半空，与地面平行，保持挥杆姿势，重心开始前移。

选手A——热门选手

VS

选手B——冷门选手

其中必然有一方获胜，
不可能出现平局

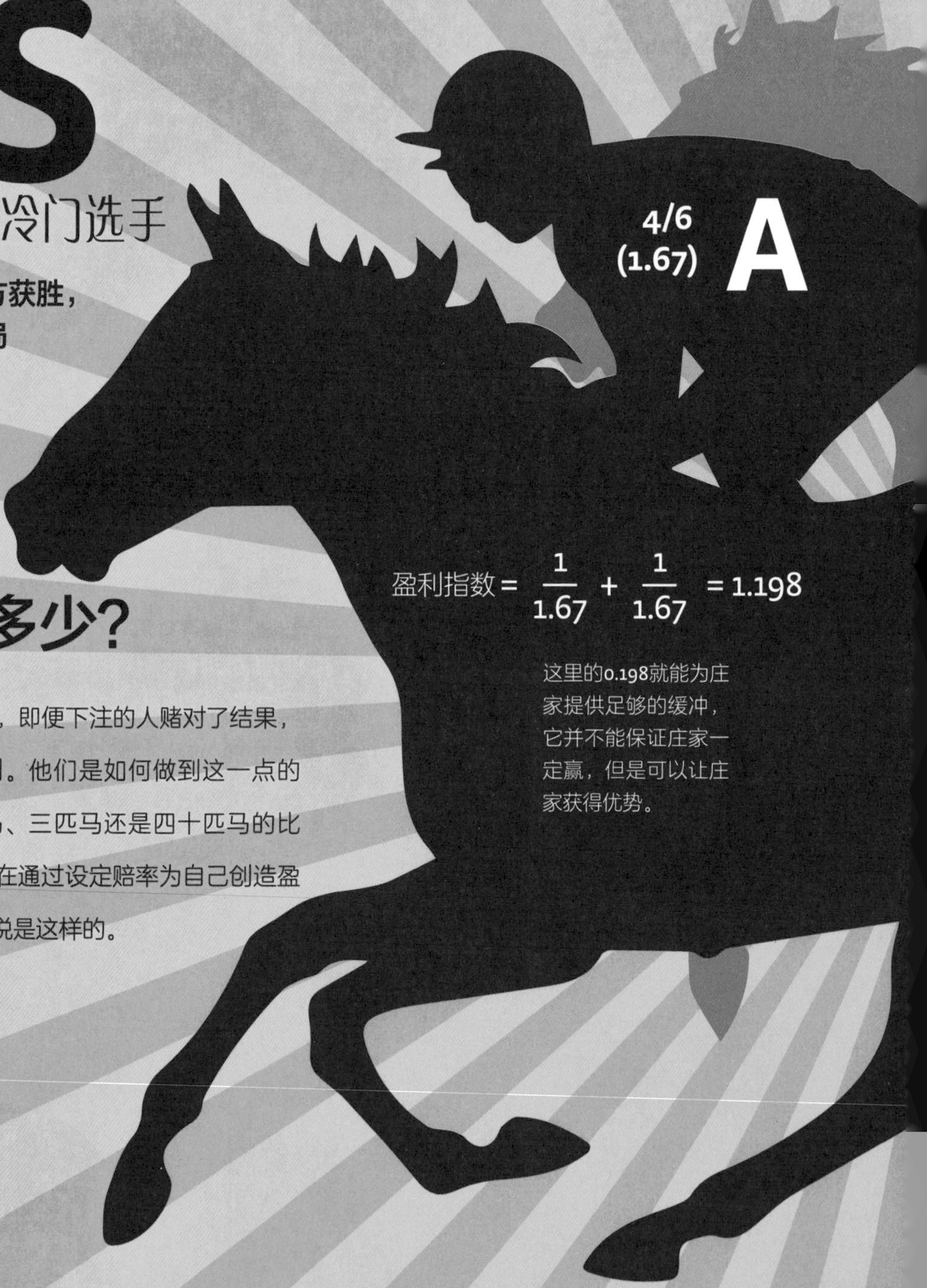

4/6
(1.67) **A**

赔率是多少？

在博彩行业中，即便下注的人赌对了结果，庄家依然能够赢利。他们是如何做到这一点的呢？不论是两匹马、三匹马还是四十匹马的比赛，庄家一般都会在通过设定赔率为自己创造盈利的空间，具体来说是这样的。

$$盈利指数 = \frac{1}{1.67} + \frac{1}{1.67} = 1.198$$

这里的0.198就能为庄家提供足够的缓冲，它并不能保证庄家一定赢，但是可以让庄家获得优势。

B 11/10
(2.1)

我们可以想象一个极端条件下的赌博盘口，两匹参赛的赛马的赔率相等，即便是这样，仍然存在盈利空间

A获胜 1/1 (2)　**VS**　B获胜 1/1 (2)　盈利指数 $= \dfrac{1}{2} + \dfrac{1}{2} = 1.00$

但假如对赔率稍作调整：

A获胜 5/6 (1.83)　vs　B获胜 5/6 (1.83)

盈利指数 $= \dfrac{1}{1.83} + \dfrac{1}{1.83} = 1.09$

以8匹赛马参加的比赛为例，仍然是同样的数学逻辑在背后发挥作用，只不过计算时需要将所有赔率的倒数进行相加：

赛马A	11/10	2.1
赛马B	13/8	2.62
赛马C	7/1	8
赛马D	12/1	13
赛马E	20/1	21
赛马F	25/1	26
赛马G	25/1	26
赛马H	50/1	51

这样的情况下可以得出盈利指数=1.2

显然如果所有人都押选手A或者赛马A，那么庄家就会亏钱，这里就需要一些营销的手段。随着赌资的增加，赔率也会相应地发生变化，这样在盈利空间的支撑下，不论谁赢得了赌局，庄家都会盈利。

扶手椅上的世界冠军

　　有些直播赛事或者节目能将全世界人民都吸引到电视机前，例如，1997年戴安娜王妃的葬礼共有25亿人收看了直播。电视直播能够将无数体育爱好者聚集起来，数量远远超过前往体育场现场观看比赛的人数（2010年F1方程式赛车巴林赛道的比赛吸引了5400万观众，而该国的人口只有130万）。这里我们列举了一些体育大国里最受关注的比赛。

2005.1.30	2010.2.28	2012.6.28	2013.11.9
澳大利亚公开赛男子单打决赛：萨芬vs休伊特	奥运会男子决赛：美国vs加拿大	欧洲杯半决赛：意大利vs德国	亚足联冠军联赛决赛：广州恒大vs首尔FC

冰球 48.8%

足球 39.1%

网球 18.1%

足球 2.2%

4045000

16600000

23255000

3000000

澳大利亚[2238万]　　加拿大[3400万]　　意大利[5940万]　　中国[13.7亿]

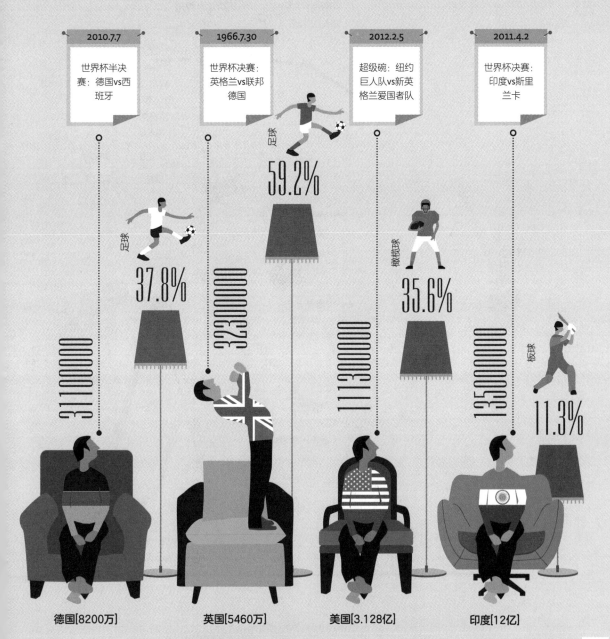

[ ] 国家人口　　　赛事　　　日期　　●·····○ 观看人数　　占人口比例

2010.7.7
世界杯半决赛：德国vs西班牙

1966.7.30
世界杯决赛：英格兰vs联邦德国

2012.2.5
超级碗：纽约巨人队vs新英格兰爱国者队

2011.4.2
世界杯决赛：印度vs斯里兰卡

足球
59.2%

足球
37.8%

橄榄球
35.6%

板球
11.3%

31100000

32300000

111300000

135000000

德国[8200万]　　　英国[5460万]　　　美国[3.128亿]　　　印度[12亿]

资料来源：维基百科

以成功人士命名

在古代，人们往往会根据神祇和英雄的名字为自己的后代起名。随着时代的发展，对神明的迷信已经逐渐被摒弃，越来越多的父母开始以体育明星的名字来为孩子命名。我们对过去几十年最流行的1000个婴儿名字进行了追踪，发现了其中不少属于运动明星的名讳。

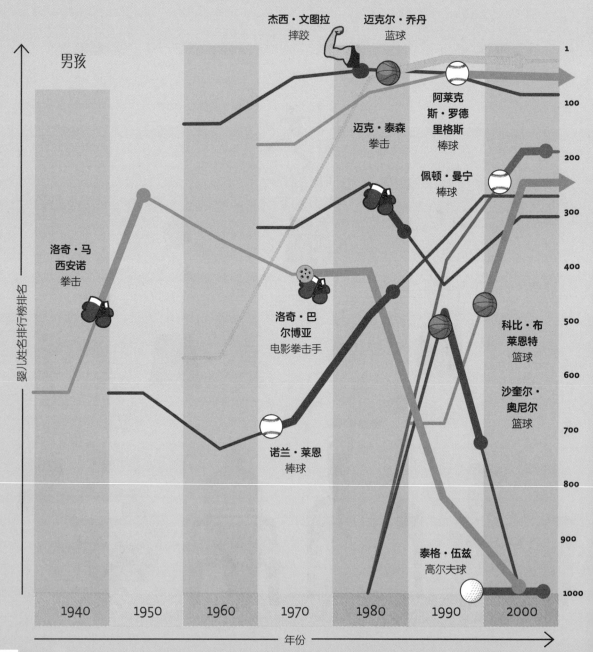

男孩

杰西·文图拉
摔跤

迈克尔·乔丹
篮球

阿莱克斯·罗德里格斯
棒球

迈克·泰森
拳击

佩顿·曼宁
棒球

洛奇·马西安诺
拳击

洛奇·巴尔博亚
电影拳击手

科比·布莱恩特
篮球

沙奎尔·奥尼尔
篮球

诺兰·莱恩
棒球

泰格·伍兹
高尔夫球

婴儿姓名排行榜排名

1940 1950 1960 1970 1980 1990 2000

年份

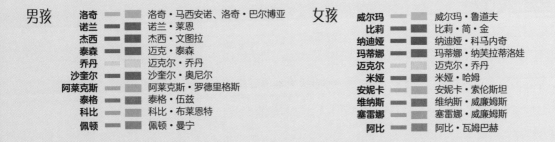

男孩
洛奇	洛奇·马西安诺、洛奇·巴尔博亚
诺兰	诺兰·莱恩
杰西	杰西·文图拉
泰森	迈克·泰森
乔丹	迈克尔·乔丹
沙奎尔	沙奎尔·奥尼尔
阿莱克斯	阿莱克斯·罗德里格斯
泰格	泰格·伍兹
科比	科比·布莱恩特
佩顿	佩顿·曼宁

女孩
威尔玛	威尔玛·鲁道夫
比莉	比莉·简·金
纳迪娅	纳迪娅·科马内奇
玛蒂娜	玛蒂娜·纳芙拉蒂洛娃
迈克尔	迈克尔·乔丹
米娅	米娅·哈姆
安妮卡	安妮卡·索伦斯坦
维纳斯	维纳斯·威廉姆斯
塞雷娜	塞雷娜·威廉姆斯
阿比	阿比·瓦姆巴赫

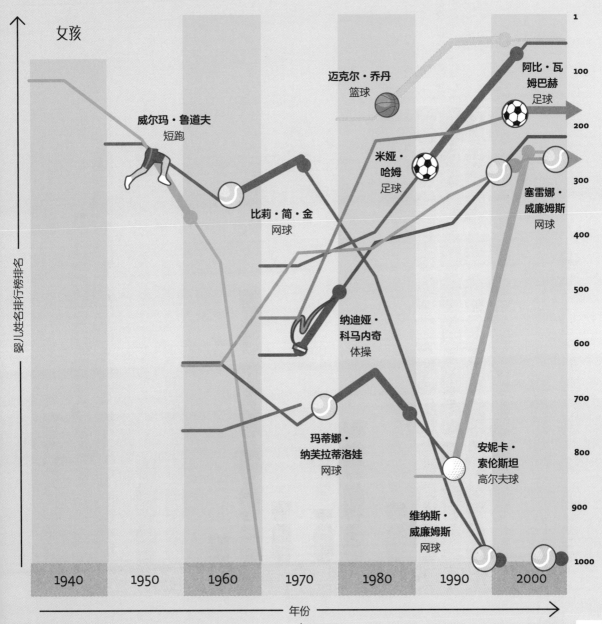

女孩

迈克尔·乔丹
篮球

阿比·瓦姆巴赫
足球

威尔玛·鲁道夫
短跑

米娅·哈姆
足球

比莉·简·金
网球

塞雷娜·威廉姆斯
网球

纳迪娅·科马内奇
体操

玛蒂娜·纳芙拉蒂洛娃
网球

安妮卡·索伦斯坦
高尔夫球

维纳斯·威廉姆斯
网球

婴儿姓名排行榜排名

1940　1950　1960　1970　1980　1990　2000

年份

资料来源：baby2see网站，维基百科，bleacherreport网站

凭票入场

对不同体育项目来说，在不同时间举行的季后赛的门票价格也存在很大差异。此外，门票的转手倒卖，不管是官方正常渠道，还是"黄牛"，都会极大地提高价格。但通过下面的比较，我们发现，世界各地的赛事门票的价格往往会跟我们想象中不太一样，有时候会更高，有时候会更低。

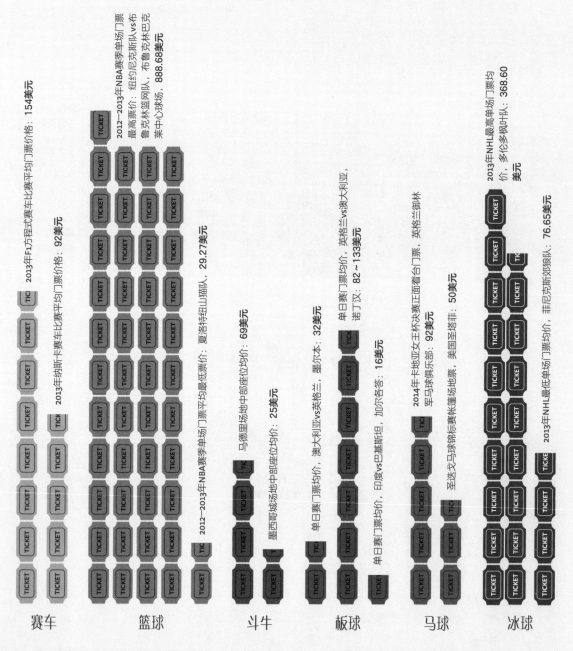

2013年F1方程式赛车比赛平均门票价格：154美元

2013年纳斯卡赛车比赛平均门票价格：92美元

2012~2013年NBA赛季单场门票最高票价：纽约尼克斯队vs布鲁克林篮网队，布鲁克林巴克莱中心球场，888.68美元

2012~2013年NBA赛季单场门票平均最低票价：夏洛特纽山猫队，29.27美元

马德里场地中部座位均价：69美元

墨西哥城场地中部座位均价：25美元

单日赛门票均价，澳大利亚vs英格兰，墨尔本：32美元

单日赛门票均价，英格兰vs澳大利亚，诺丁汉：82~133美元

单日赛门票均价，印度vs巴基斯坦，加尔各答：16美元

2014年卡塔尔亚王杯决赛正面看台门票，英格兰朝林军马球俱乐部：92美元

圣迭戈马球锦标赛帐篷地票，美国圣塔菲：50美元

2013年NHL最高单场门票均价，多伦多枫叶队：368.60美元

2013年NHL最低单场门票均价，菲尼克斯郊狼队：76.65美元

| 赛车 | 篮球 | 斗牛 | 板球 | 马球 | 冰球 |

2015年英式橄榄球世界杯决赛平均票价，英格兰，威尔士：118美元

南非跳羚队vs新西兰全黑队平均票价，约翰内斯堡：83美元

2012—2013年赛季英格兰超级联赛
套票最低价均价：781.24美元

2012—2013年赛季德国甲级联赛套票最低均价：
345.95美元

2014年温布尔登公开赛男子单打决赛票价：
247美元

2014年温布尔登公开赛女子单打决赛
票价：207美元

2014年法国网球公开赛男子单打和女子单打决赛票价：
367美元

美国大师赛单
日比赛平均
票价：1234
美元

PGA锦标赛单日比赛平均
票价：182～295美元

英式橄榄球　　　足球　　　网球　　　高尔夫球

资料来源：tickets.formula1网站，wimbledon网站，rolandgarros网站，nhl网站，nba网站，维基百科

短距离游泳选手的训练安排

在短短 7天里

不管从事什么运动，专业运动员每周都必须进行大量严格的训练。这里我们展示了短距离游泳选手和短跑选手在大赛前一周的训练情况。

短跑选手的训练安排

	星期一（高强度）	星期二（低强度）	星期三（高强度）
上午	上午 7:30—10:00 在奥运会标准泳池中游3000～7000米	上午 6:00—8:00 高强度3000米游泳	上午 休息
下午	下午 3:00—5:00 30分钟游泳热身，3000米快速游泳，利用浮板放松		下午 3:00—5:00 3000米游泳，之前通过游泳进行热身，之后进行放松
下午	下午 5:30—7:00 力量训练	下午 5:30—7:00 有氧环节8000米稳定耐力训练	下午 5:30—7:00 负重训练

星期一（高强度）	星期二（低强度）	星期三（高强度）
上午 7:00—9:00	上午 9:00—11:00	上午 7:00—9:00
热身	热身	热身
（600米慢跑、拉伸、200米冲刺）；以90%～100%速度20米、30米、40米梯绳训练各5组；慢慢走回作为休息；间隔时间为3分钟	一般力量训练（如仰卧起坐、俯卧撑、深蹲等）2组，每组20次	3×4次100米跑，每次间隔3分钟，每组间隔5分钟
蛙跳	投掷重物2组，每组10次	投掷重物
跨越障碍2组，每组10次	障碍拉伸2组，每组10次	负重训练
举重	举重	放松
放松	放松	

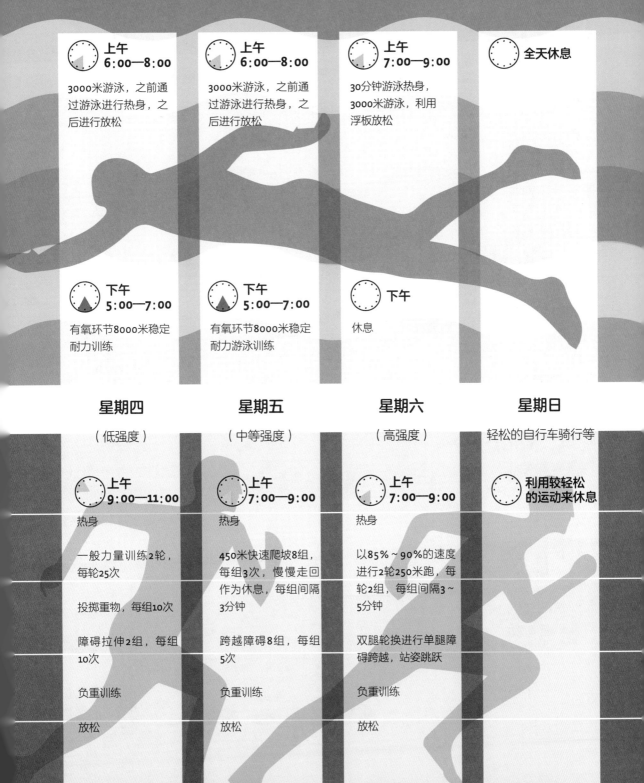

上午 6:00—8:00	上午 6:00—8:00	上午 7:00—9:00	全天休息
3000米游泳，之前通过游泳进行热身，之后进行放松	3000米游泳，之前通过游泳进行热身，之后进行放松	30分钟游泳热身，3000米游泳，利用浮板放松	
下午 5:00—7:00	下午 5:00—7:00	下午	
有氧环节8000米稳定耐力训练	有氧环节8000米稳定耐力游泳训练	休息	

星期四	星期五	星期六	星期日
（低强度）	（中等强度）	（高强度）	轻松的自行车骑行等
上午 9:00—11:00	上午 7:00—9:00	上午 7:00—9:00	利用较轻松的运动来休息
热身	热身	热身	
一般力量训练2轮，每轮25次	450米快速爬坡8组，每组3次，慢慢走回作为休息，每组间隔3分钟	以85%~90%的速度进行2轮250米跑，每轮2组，每组间隔3~5分钟	
投掷重物，每组10次	跨越障碍8组，每组5次	双腿轮换进行单腿障碍跨越，站姿跳跃	
障碍拉伸2组，每组10次	负重训练	负重训练	
负重训练	放松	放松	
放松			

资料来源：sportsmedecineabout网站，guardian网站，维基百科，utexas网站

通过饮食走向胜利

　　不论哪个项目，教练员都会密切关注运动员的食谱。不同运动的不同训练阶段，存在各种各样的"特殊"食谱，这些食谱真的有那么大的区别吗？下面我们列举了6项运动及运动员一天的常见食谱。

比赛前　　　　　　　　　比赛中　　　　　　　　　高尔夫球

比赛后

训练前　　　　　　　　　训练中　　　　　　　　　网球

训练后

训练前　　　　　　　　　　　　　　　　　　　　　游泳

训练后

比赛日早餐　　　　　　　　　高强度比赛时

资料来源：eatright网站，sportsnutritionhealth网站，colostate网站，维基百科

为什么父亲希望我成为体育明星？

在今天，想要成为真正的体育明星，必须早早地走上这条路，同时绝不可能在保留另外一份兼职工作的情况下依然成长为一位优秀的职业运动员。因此他们的父母——更多情况下是父亲，需要承担起养育孩子的重任，同时希望自己的后代不需要再重复这一艰辛的过程。下图比较了顶级体育明星的收入和他们父亲职业的薪酬。

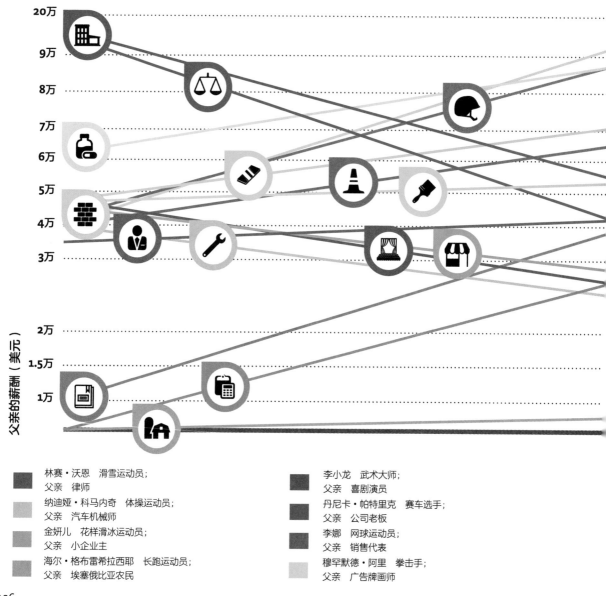

纵轴标签：父亲的薪酬（美元）

纵轴刻度：20万、9万、8万、7万、6万、5万、4万、3万、2万、1.5万、1万

图例：

林赛·沃恩　滑雪运动员；
父亲　律师

纳迪娅·科马内奇　体操运动员；
父亲　汽车机械师

金妍儿　花样滑冰运动员；
父亲　小企业主

海尔·格布雷希拉西耶　长跑运动员；
父亲　埃塞俄比亚农民

李小龙　武术大师；
父亲　喜剧演员

丹尼卡·帕特里克　赛车选手；
父亲　公司老板

李娜　网球运动员；
父亲　销售代表

穆罕默德·阿里　拳击手；
父亲　广告牌画师

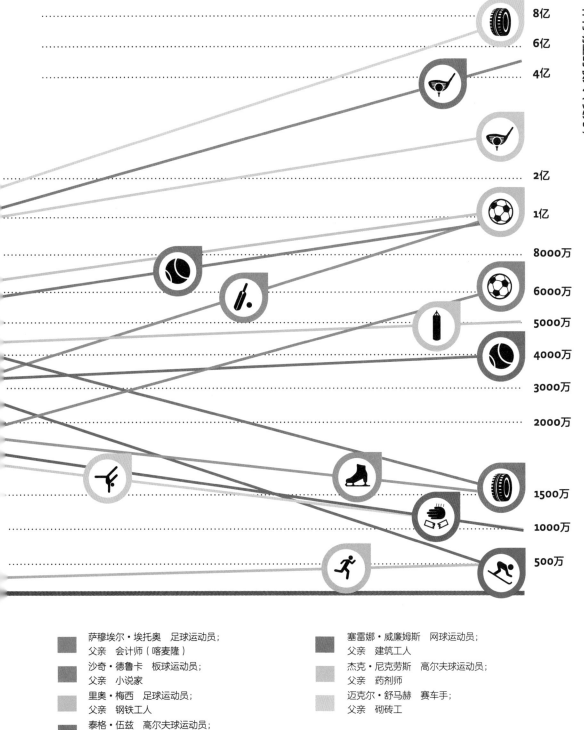

体育明星的收入（美元）

8亿
6亿
4亿
2亿
1亿
8000万
6000万
5000万
4000万
3000万
2000万
1500万
1000万
500万

萨穆埃尔·埃托奥　足球运动员；
父亲　会计师（喀麦隆）

沙奇·德鲁卡　板球运动员；
父亲　小说家

里奥·梅西　足球运动员；
父亲　钢铁工人

泰格·伍兹　高尔夫球运动员；
父亲　士兵

塞雷娜·威廉姆斯　网球运动员；
父亲　建筑工人

杰克·尼克劳斯　高尔夫球运动员；
父亲　药剂师

迈克尔·舒马赫　赛车手；
父亲　砌砖工

资料来源：celebritynetworth网站，michaelpageafrica网站，维基百科

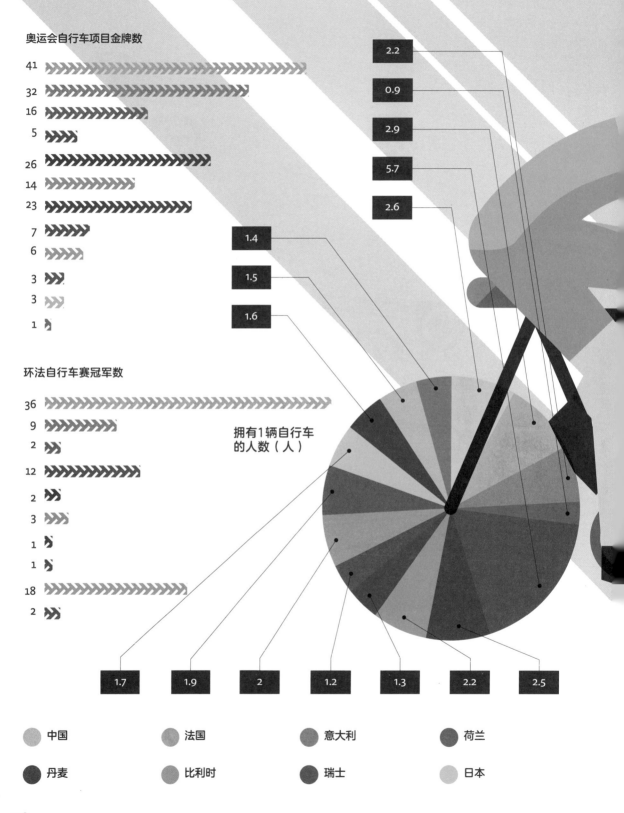

奥运会自行车项目金牌数

41
32
16
5
26
14
23
7
6
3
3
1

环法自行车赛冠军数

36
9
2
12
2
3
1
1
18
2

拥有1辆自行车
的人数（人）

2.2
0.9
2.9
5.7
2.6

1.4
1.5
1.6

1.7   1.9   2   1.2   1.3   2.2   2.5

中国   法国   意大利   荷兰

丹麦   比利时   瑞士   日本

108

连锁反应

从常识的角度出发，我们会觉得如果一个国家人口中很大比例的部分都从事某一项体育运动的话，那么这个国家在这项运动上会具有很强的优势。但对自行车项目来说，似乎并不是这样。这里我们展示了自行车保有量较高的一些国家，以及它们在奥运会、环法自行车赛和环意自行车赛上的表现。

环意大利自行车赛冠军数

6
68
3
1
7
3
1

自行车总数（辆）

6000万

440万

520万

380万

7300万

330万

600万

300万

4.5亿

2300万

700万

1800万

2650万

2000万

1.2亿

- 西班牙
- 英国
- 美国
- 德国
- 芬兰
- 瑞典
- 挪威

出发时间（秒）

分秒必争

在钢架雪车、雪橇或者雪车这样的比赛中，出发时的优势是否能确保获得冠军呢？2014年索契奥运会的结果显示，不论你在出发时所用的时间有多短，想要赢得比赛，还需要投入很多努力。

1　4.⁸
6　4.⁸⁸

1　5.¹⁶
3　5.²

1　4.⁷⁸
7　4.⁸³

 排名

 雪车

 钢架雪车

雪橇

1　4.⁹¹
3　4.⁹⁷

1　4.⁴⁷
2　4.⁵⁹

1　3.⁰⁹²
2　3.⁹¹⁹

1　4.⁶¹⁸
3　4.⁶⁴²

1　3.³⁸⁴
3　3.⁸⁵⁸

110

运动员		完成比赛时间（秒）
奥斯卡·梅尔巴迪斯、道曼特斯·德雷斯金斯	8	249.^{7}
阿列克谢·沃耶沃达、亚历山大·祖布科夫	1	248.^{556}
伊蕾娜·梅尔斯、洛琳·威廉姆斯	2	255.^{772}
凯丽·汉弗莱斯、希瑟·莫伊斯	1	254.^{848}
杰尼斯·斯特伦加、阿尔维斯·威尔卡斯特、奥斯卡·梅尔巴迪斯、道曼特斯·德雷斯金斯	3	243.^{364}
阿列克谢·内格戴罗、迪米特里·特伦恩科夫	1	242.^{924}
阿列克谢·沃耶沃达、亚历山大·祖布科夫 伊莲娜·尼基提纳	6	256.^{652}
丽兹·亚尔诺德	1	255.^{596}
亚历山大·特利提雅科夫	1	246.^{488}
马丁斯·杜科斯	2	247.^{676}
塔迪亚娜·霍夫纳	2	221.^{2276}
娜塔莉·盖森伯格	1	220.^{8316}
安迪·朗格纳	4	229.^{218}
费利克斯·洛克	1	227.^{7616}
托尼·艾格特、萨莎·布尼肯	4	219.^{9736}
托拜亚斯·温德尔、托拜亚斯·阿尔特	1	218.^{064}

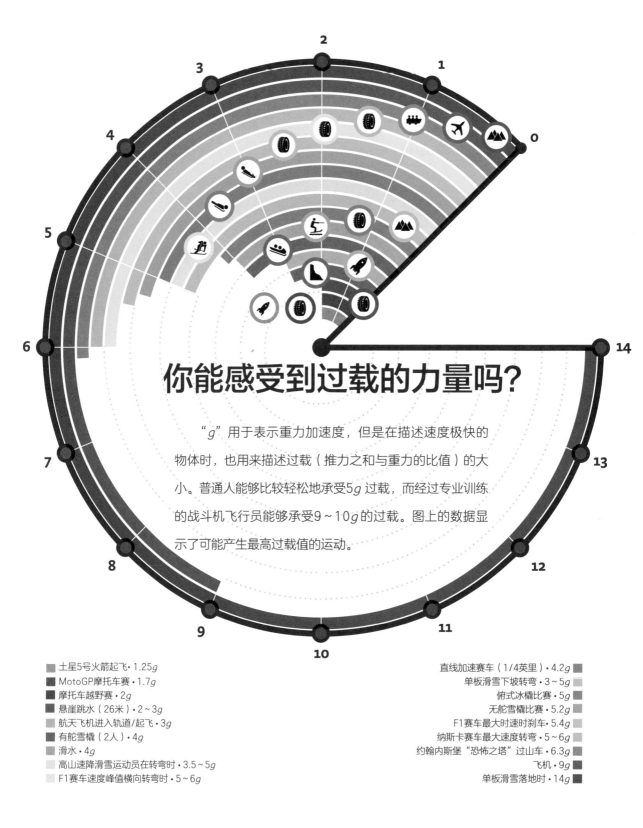

你能感受到过载的力量吗？

"g" 用于表示重力加速度，但是在描述速度极快的物体时，也用来描述过载（推力之和与重力的比值）的大小。普通人能够比较轻松地承受5g 过载，而经过专业训练的战斗机飞行员能够承受9~10g 的过载。图上的数据显示了可能产生最高过载值的运动。

土星5号火箭起飞 · 1.25g
MotoGP摩托车赛 · 1.7g
摩托车越野赛 · 2g
悬崖跳水（26米）· 2~3g
航天飞机进入轨道/起飞 · 3g
有舵雪橇（2人）· 4g
滑水 · 4g
高山速降滑雪运动员在转弯时 · 3.5~5g
F1赛车速度峰值横向转弯时 · 5~6g

直线加速赛车（1/4英里）· 4.2g
单板滑雪下坡转弯 · 3~5g
俯式冰橇比赛 · 5g
无舵雪橇比赛 · 5.2g
F1赛车最大时速时刹车 · 5.4g
纳斯卡赛车最大速度转弯 · 5~6g
约翰内斯堡"恐怖之塔"过山车 · 6.3g
飞机 · 9g
单板滑雪落地时 · 14g

112　资料来源：usatoday网站，faqs网站，alpinereplay网站，howstuffworks网站，aero-gp网站，humankinetics网站

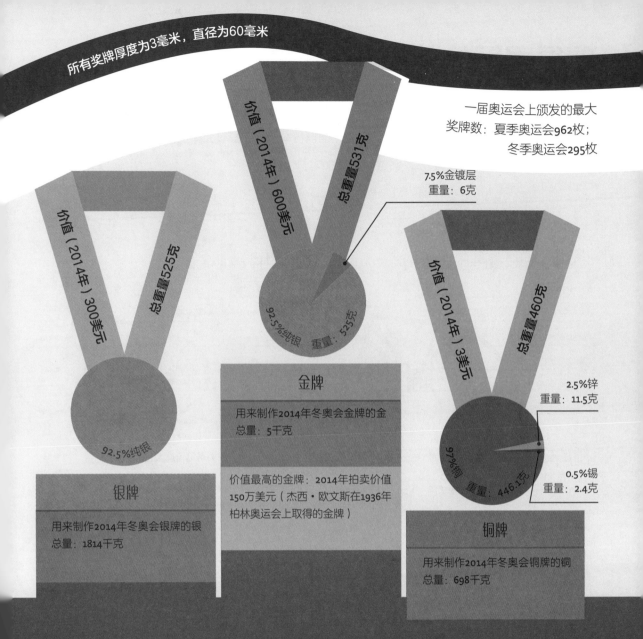

一届奥运会上颁发的最大
奖牌数：夏季奥运会962枚；
冬季奥运会295枚

价值（2014年）600美元

总重量531克

7.5%金镀层
重量：6克

92.5%纯银　重量：525克

价值（2014年）300美元

总重量525克

92.5%纯银

价值（2014年）3美元

总重量460克

2.5%锌
重量：11.5克

97%铜　重量：446.1克

0.5%锡
重量：2.4克

金牌

用来制作2014年冬奥会金牌的金
总量：5千克

价值最高的金牌：2014年拍卖价值
150万美元（杰西·欧文斯在1936年
柏林奥运会上取得的金牌）

银牌

用来制作2014年冬奥会银牌的银
总量：1814千克

铜牌

用来制作2014年冬奥会铜牌的铜
总量：698千克

奖牌用什么制成？

在奥运会赛事中，获得第一、第二、第三名的运动员（团队）分别会获得金牌、银牌和铜牌。这一传统始于1904年，当时奖牌是以高纯度的贵金属制成的。但在2012年以后，金牌的成分主要变成了白银。上图展示了各种奖牌的价值、重量和成分等信息。

资料来源：* 2012年伦敦夏季奥运会
** 2014年索契冬季奥运会
chemistry.about网站、维基百科、sochi2014网站、kgw网站

赢得冠军的装备

　　环法自行车赛的冠军可以将黄色领骑衫拿回家，不论是他还是他所在的团队都会在自行车运动的世界中获得极大的关注，但是有关他们所使用的自行车的报道却极为罕见。下图展示了1995—2013年环法自行车赛冠军及其爱车各个部件的制造商。

1995年 米盖尔·安杜兰（西班牙）

Selle Italia

皮纳瑞罗 Espada Oria 管型钢制车架

Compagnolo

Compagnolo

长期使用的塑料踏板

1996年 布雅内·里斯（丹麦）

Selle Italia Flite

皮纳瑞罗 Keral 精简版钢制车架

Campagnolo

Campagnolo

洛克

1997年 扬·乌尔里希（德国）

Selle Italia

Pinarello Paris 钢制车架

轻质碳纤维

Campagnolo

泰姆

1998年 马可·潘塔尼（意大利）

Selle Italia Flite 签名版

Mercatone Uno 比安奇 Mega Pro XL

Campagnolo

Campagnolo

泰姆 Equipe Pro

1999—2004年 兰斯·阿姆斯特朗（美国）

Selle Italia Flite

崔克 5500 CCLV 碳纤维车架

Rolf

禧玛诺 Dura Ace

洛克

2005年 兰斯·阿姆斯特朗（美国）

Selle Italia Flite

崔克 Madone SSLx

Bontrager

禧玛诺 Dura-Ace

禧玛诺

2006年 奥斯卡·佩雷罗（西班牙）

Selle Italia Flite

皮纳瑞罗 Prince

Campagnolo Carbon

Campagnolo Record

洛克 Keo

2007年 阿尔贝托·康塔多（西班牙）

San Marco Concor Light

崔克 Madone Pro 5.2

Bontrager Race XXX Lite

禧玛诺 Dura Ace 7800

禧玛诺 Dura Ace

2008年 卡洛斯·萨斯特雷（西班牙）

Prologo Scratch

Cervélo R3-SL

Zipp 202

禧玛诺 Dura Ace 7800

Speedway Zero

2009年 阿尔贝托·康塔多（西班牙）

Selle Italia SLR

崔克 Madone 6

Bontrager Race XXX Lite

SRAM Red

洛克 Keo 2 Max Carbon

2010年 安迪·施莱克（卢森堡）

Prologo Scratch

Specialized S-Works Tarmac SL3

Zipp carbon

SRAM Red

Speedway Zero

2011年 卡戴尔·埃文斯（澳大利亚）

Fizik Antares

BMC TeamMachine SLR01

Easton EC90

禧玛诺 Dura Ace Di2

Speedway Zero

2012年 布拉德利·维金斯（英国）

Fizik Arione

皮纳瑞罗 Dogma 2

禧玛诺 C50

禧玛诺 Dura Ace Di2

Speedplay Zero Nanogram

2013年 克里斯·弗鲁姆（英国）

Fizik Antare

皮纳瑞罗 Dogma 65.1

禧玛诺 C24

禧玛诺 Dura Ace Di2

Dura Ace PD-9000

资料来源：bikeradar网站，cyclingnews网站，velonews网站，维基百科

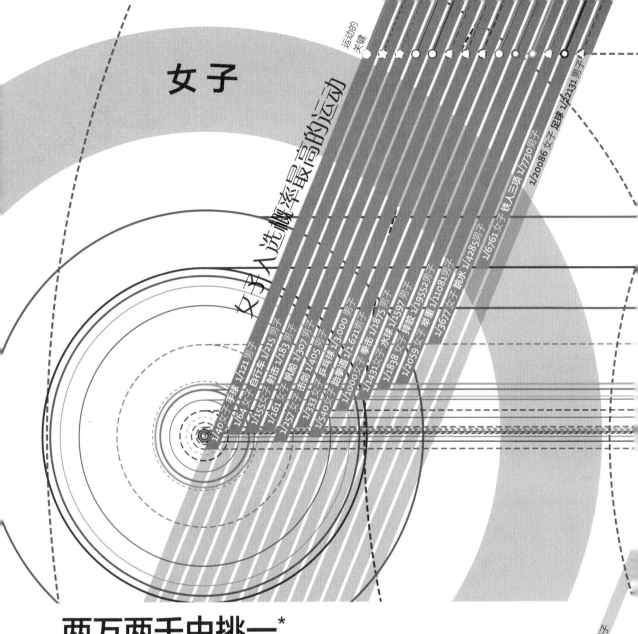

女子

女子入选概率最高的运动

运动的关键

1/20086 女子 铁人三项 1/7730 男子

1/6761 女子 足球 1/2131 男子

1/140 女子 手球 1/121 男子
1/64 女子 自行车 1/215 男子
1/55 女子 射击 1/83 男子
1/161 女子 帆船 1/307 男子
1/257 女子 击剑 1/405 男子
1/333 女子 乒乓球 1/3,000 男子
1/540 女子 柔道 1/1,621 男子
1/1000 女子 跆拳道 1/1875 男子
1/1431 女子 水球 1/1597 男子
1/1858 女子 摔跤 1/19552 男子
1/2059 女子 举重 1/11081 男子
1/3677 女子 跳水 1/4285 男子

1/45487 女子 篮球 1/45487 男子

两万两千中挑一*

在研究美国高中生运动员成长为奥运代表团成员的概率时，我们发现，男子体操选手实现这一目标的可能性比女子高8倍，但女子摔跤选手成功的可能性比男子高10.5倍。图中展示了各个项目两性运动员成功入选奥运会国家队的概率等信息。

*男子足球运动员入选国奥队的概率。

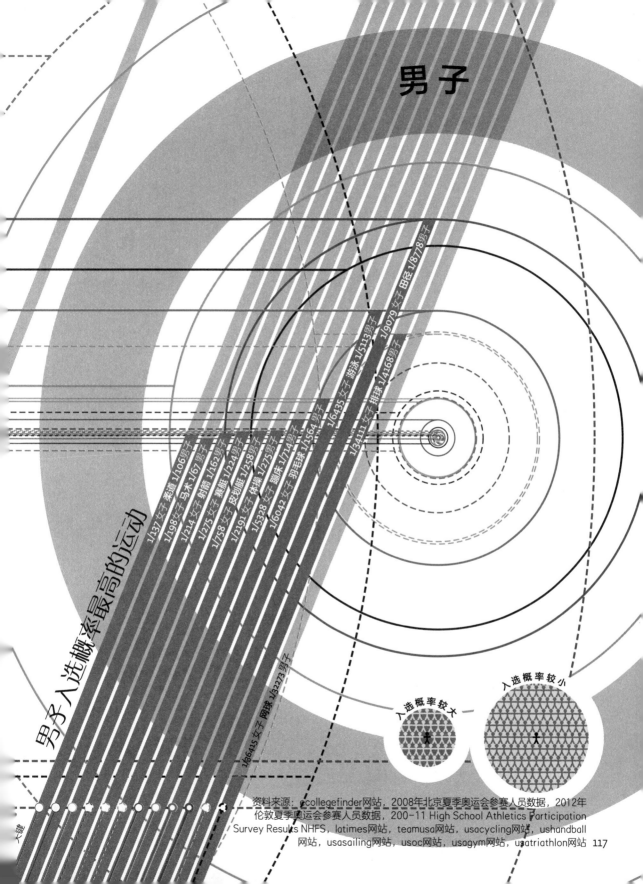

男子

男子入选概率最高的运动

1/137 女子 柔道 1/106 男子
1/198 女子 马术 1/67 男子
1/214 女子 射箭 1/67 男子
1/275 女子 赛艇 1/162 男子
1/758 女子 皮划艇 1/224 男子
1/2191 女子 体操 1/258 男子
1/5328 女子 蹦床 1/275 男子
1/6042 女子 举重 1/714 男子
1/86415 女子 网球 1/32273 男子
1/6435 女子 游泳 1/5113 男子
1/9079 女子 田径 1/8778 男子
1/34111 女子 排球 1/4168 男子

入选概率较大

入选概率较小

资料来源: ecollegefinder网站, 2008年北京夏季奥运会参赛人员数据, 2012年伦敦夏季奥运会参赛人员数据, 200-11 High School Athletics Participation Survey Results NHFS, latimes网站, teamusa网站, usacycling网站, ushandball网站, usasailing网站, usoc网站, usagym网站, usatriathlon网站

他们在奋战中死去

　　哪怕将那些与发动机和武器有关的运动排除在外，在争取荣誉的过程中不幸身亡的职业运动员依然大有人在。下面列举了15项最受欢迎的运动，赛场上导致运动员死亡的头号杀手是心脏病发作，紧随其后的是头部创伤。

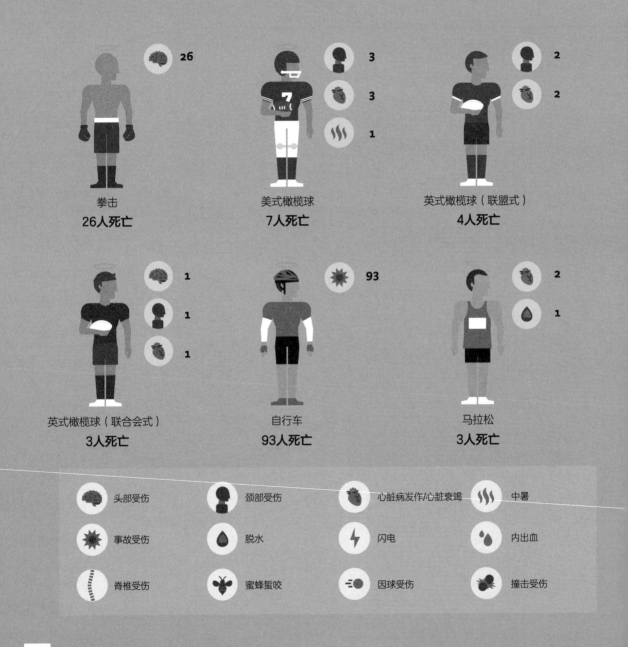

拳击
26人死亡

美式橄榄球
7人死亡

英式橄榄球（联盟式）
4人死亡

英式橄榄球（联合会式）
3人死亡

自行车
93人死亡

马拉松
3人死亡

	头部受伤		颈部受伤		心脏病发作/心脏衰竭		中暑
	事故受伤		脱水		闪电		内出血
	脊椎受伤		蜜蜂蜇咬		因球受伤		撞击受伤

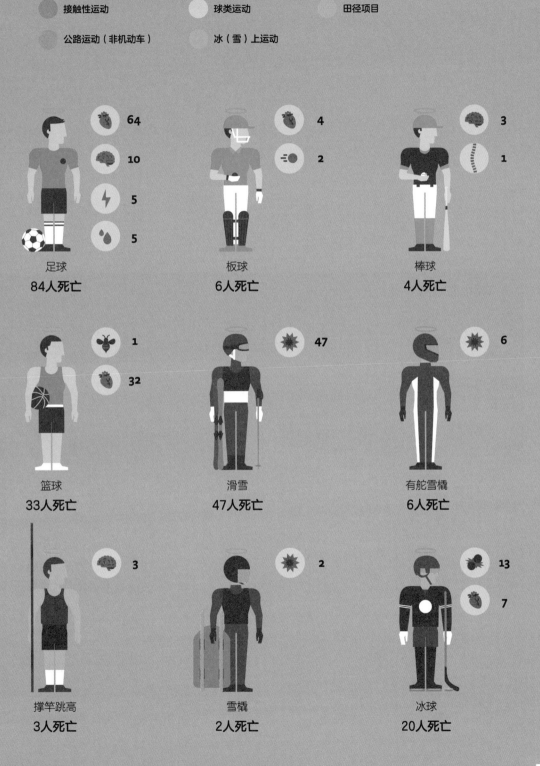

接触性运动　　　　　球类运动　　　　　田径项目

公路运动（非机动车）　　　冰（雪）上运动

足球
84人死亡

64
10
5
5

板球
6人死亡

4
2

棒球
4人死亡

3
1

篮球
33人死亡

1
32

滑雪
47人死亡

47

有舵雪橇
6人死亡

6

撑竿跳高
3人死亡

3

雪橇
2人死亡

2

冰球
20人死亡

13
7

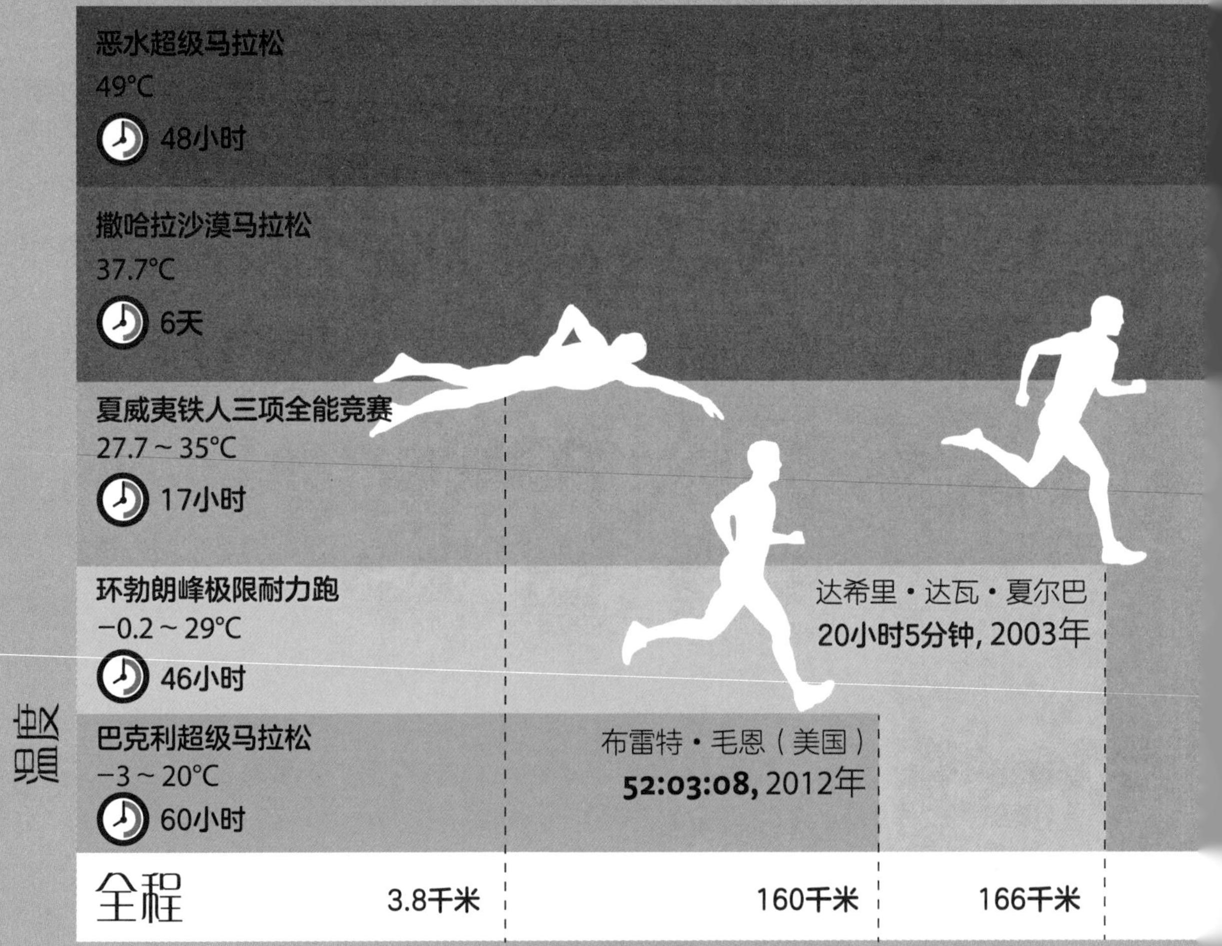

恶水超级马拉松
49℃

🕐 48小时

撒哈拉沙漠马拉松
37.7℃

🕐 6天

夏威夷铁人三项全能竞赛
27.7 ~ 35℃

🕐 17小时

环勃朗峰极限耐力跑
−0.2 ~ 29℃

🕐 46小时

达希里·达瓦·夏尔巴
20小时5分钟, 2003年

巴克利超级马拉松
−3 ~ 20℃

🕐 60小时

布雷特·毛恩（美国）
52:03:08, 2012年

全程	3.8千米	160千米	166千米

温度

如钢铁般坚强

忘掉普通的马拉松吧，这里有世界上运动员一生中能够经历的最艰苦、最漫长、最困难、最具挑战性的赛事——即便最强的运动员也难以轻易征服铁人三项和超级马拉松。下面的五项赛事普通人根本无法企及，只有最强壮、最坚韧的高手才能完成。但是只要有能力通过这样的考验，就会忍不住一次又一次地尝试。

瓦米尔·卢内（巴西）
22:51:29, 2007年

莫哈默德·阿汉萨尔（摩洛哥）
19:27:46, 2008年

克雷格·亚历山大（澳大利亚）
8:03:56, 2011年

| 180千米 | 217千米 | 225.8千米 | 251千米 |

资料来源：discovery网站，维基百科，darabound网站，badwater网站，mattmahoney网站，ultratrailmb网站，ironman网站

渔获和炸鱼条

这里我们采取了一种全新的方式来计算1994—2013年世界淡水钓鱼锦标赛上选手的成绩——将每小时取得的渔获（所捕获的鱼）重量换算成炸鱼条的数量（ffph）。作为单位的炸鱼条重量为28克，其中58%（16.24克）为鱼肉。世界锦标赛的形式是选手连续参加两天比赛，每天钓鱼时间为4小时。

获胜次数最多的选手

阿兰·斯科特索恩（英格兰）
获胜次数：5
年份：1996、1997、1998、2003、2007
平均成绩
ffph：87

鲍勃·纳德（英格兰）
获胜次数：2
年份：1994、1999
平均成绩
ffph：238

塔马斯·沃尔特（匈牙利）
获胜次数：2
年份：2004、2006
平均成绩
ffph：75.5

年份	冠军选手	国籍
1994	鲍勃·纳德	**英格兰**
1995	让	**法国**
1996	阿兰·斯科特索恩	**英格兰**
1997	阿兰·斯科特索恩	**英格兰**
1998	阿兰·斯科特索恩	**英格兰**
1999	鲍勃·纳德	**英格兰**
2000	伊奥科波·法尔西尼	**意大利**
2001	昂贝托·巴拉贝尼	**意大利**
2002	胡安·布拉索	**西班牙**
2003	阿兰·斯科特索恩	**英格兰**
2004	塔马斯·沃尔特	**匈牙利**
2005	古伊多·努伦斯	**比利时**
2006	塔马斯·沃尔特	**匈牙利**
2007	阿兰·斯科特索恩	**英格兰**
2008	威尔·雷森	**英格兰**
2009	伊戈尔·波塔波夫	**俄罗斯**
2010	弗兰克·梅斯	**卢森堡**
2011	安德烈·菲尼	**意大利**
2012	肖恩·阿什比	**英格兰**
2013	迪迪尔·德兰诺伊	**法国**

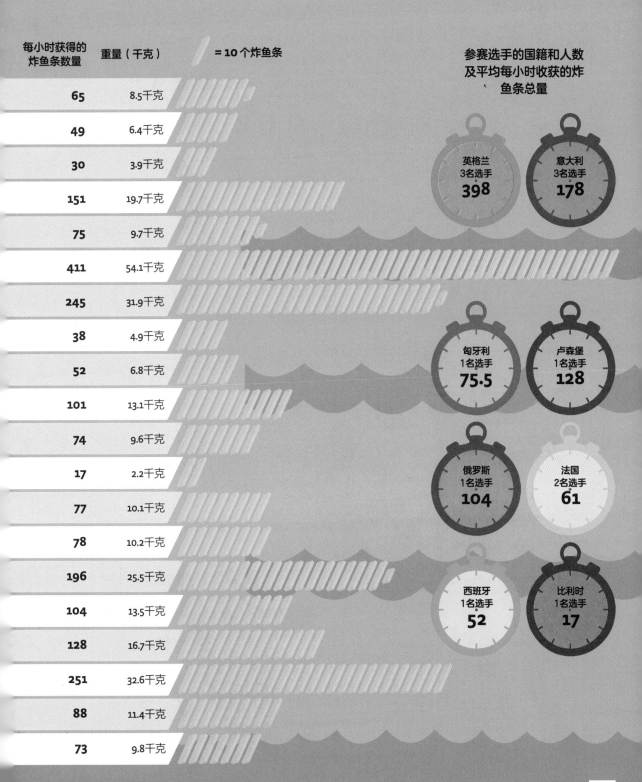

每小时获得的 炸鱼条数量	重量（千克）	= 10 个炸鱼条
65	8.5千克	
49	6.4千克	
30	3.9千克	
151	19.7千克	
75	9.7千克	
411	54.1千克	
245	31.9千克	
38	4.9千克	
52	6.8千克	
101	13.1千克	
74	9.6千克	
17	2.2千克	
77	10.1千克	
78	10.2千克	
196	25.5千克	
104	13.5千克	
128	16.7千克	
251	32.6千克	
88	11.4千克	
73	9.8千克	

参赛选手的国籍和人数
及平均每小时收获的炸
鱼条总量

英格兰
3名选手
398

意大利
3名选手
178

匈牙利
1名选手
75.5

卢森堡
1名选手
128

俄罗斯
1名选手
104

法国
2名选手
61

西班牙
1名选手
52

比利时
1名选手
17

资料来源：维基百科，angling-news网站，worldfishing2013网站

枪和弓箭

通过比较射箭世界冠军（只有10%视力，几乎全盲）、世界飞镖冠军和2位步枪射击冠军的成绩，我们可以对谁是世界上最精准的射手做一个大概的判断。

约6厘米
（靶心）

约2.5平方厘米
（20分的3倍）

约70米

约2.3米

菲尔·泰勒
2002年世界锦标赛

林东贤
2012年奥运会

4位冠军选手的目标分别是飞镖盘、箭靶、步枪靶和飞碟。

平均得分占满分的百分比

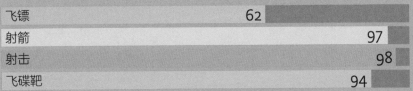

飞镖	62
射箭	97
射击	98
飞碟靶	94

约10.4毫米
（10环）

约10.9毫米

约70米

约50米

尼科罗·卡普里亚尼
2012年奥运会

彼得·威尔逊
2012年奥运会

资料来源：维基百科，darting网站，sizes网站

老马失蹄

所有的高尔夫球手都渴望成为伍兹、尼克劳斯和米克尔森这样的人，因为他们能够常年保持极高的竞技水平。很少有人会认为资深职业选手会犯业余爱好者的错误。然而，即便是最优秀的选手，偶尔也会出现糟糕得离谱的表现。

单个球洞超过标准杆最多的比赛

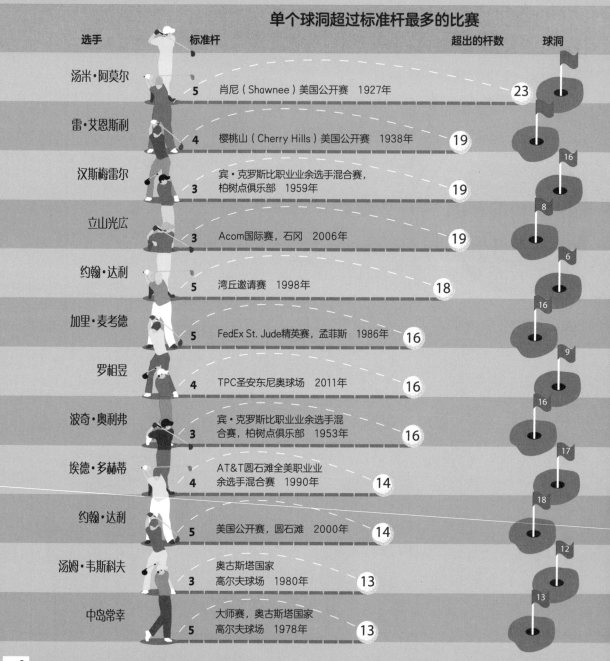

选手	标准杆		超出的杆数	球洞
汤米·阿莫尔	5	肖尼（Shawnee）美国公开赛 1927年	23	3
雷·艾恩斯利	4	樱桃山（Cherry Hills）美国公开赛 1938年	19	16
汉斯梅雷尔	3	宾·克罗斯比职业业余选手混合赛，柏树点俱乐部 1959年	19	8
立山光广	3	Acom国际赛，石冈 2006年	19	6
约翰·达利	5	湾丘邀请赛 1998年	18	16
加里·麦考德	5	FedEx St. Jude精英赛，孟菲斯 1986年	16	9
罗相昱	4	TPC圣安东尼奥球场 2011年	16	16
波奇·奥利弗	3	宾·克罗斯比职业业余选手混合赛，柏树点俱乐部 1953年	16	17
埃德·多赫蒂	4	AT&T圆石滩全美职业业余选手混合赛 1990年	14	18
约翰·达利	5	美国公开赛，圆石滩 2000年	14	12
汤姆·韦斯科夫	3	奥古斯塔国家高尔夫球场 1980年	13	13
中岛常幸	5	大师赛，奥古斯塔国家高尔夫球场 1978年	13	

最糟糕的一局比赛

选手		最糟的一局		超出杆数

麦克·里瑟 — 237
四轮资格赛
塔拉哈西公开赛，美国佛罗里达州 1974年 — 93

莫里斯·弗里特克罗夫特 — 121
皇家伯克戴尔球场，英格兰绍斯波特 1976年 — 51

狄安娜·璐娜 — 95
皇家莱瑟姆及圣安妮高尔夫球场，英格兰 2003年 — 23

泰格·伍兹 — 298
比赛整体成绩
普利司通邀请赛，美国俄亥俄州阿克伦 2010年 — 18

杰克·尼克劳斯 — 83
皇家圣乔治球场，
英格兰肯特郡桑威奇 1981年 — 13

杰克·尼克劳斯 — 85
奥古斯塔国家高尔夫球场，
美国 2003年 — 13

约翰·达利 — 85
湾丘球场，美国 1998年 — 13

凯瑞·韦伯 — 83
松针球场，美国 2007年 — 12

南茜·洛佩兹 — 83
黑狼奔球场，美国 1998年 — 12

魏圣美 — 83
蚱蜢山乡村俱乐部 2012年 — 10

泰格·伍兹 — 81
莫里菲尔德（Muirfield）高尔夫球场，苏格兰 2002年 — 10

菲尔·米克尔森 — 78
橡树山球场，美国 2013年 — 8

米琪·莱特 — 80
巴特斯罗（Baltusrol）球场，美国 1961年 — 8

罗里·麦克罗伊 — 79
莫里菲尔德高尔夫球场，苏格兰 2013年 — 7

资料来源：golf.about网站，cnn网站，维基百科，espn.go网站，golf网站

饮食、祈祷和锻炼

在美国，除了通过锻炼保持身体健康，还有许多事情可用来打发时间。这也许解释了为什么一年内有超过31.3万名美国人接受了吸脂手术。下图显示了美国人选择用什么方式来消磨业余时间及相应的人数。

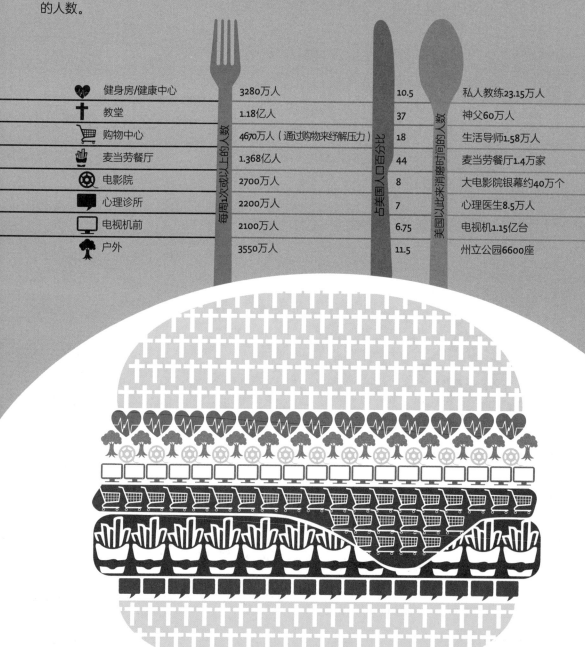

		每周1次或以上的人数		占美国人口百分比	美国以此来消磨时间的人数
	健身房/健康中心	3280万人		10.5	私人教练23.15万人
	教堂	1.18亿人		37	神父60万人
	购物中心	4670万人（通过购物来纾解压力）		18	生活导师1.58万人
	麦当劳餐厅	1.368亿人		44	麦当劳餐厅1.4万家
	电影院	2700万人		8	大电影院银幕约40万个
	心理诊所	2200万人		7	心理医生8.5万人
	电视机前	2100万人		6.75	电视机1.15亿台
	户外	3550万人		11.5	州立公园6600座

资料来源：lhrsa网站，ptdirect网站，apa网站，mpaa网站，维基百科

马拉卡纳体育场

建造时间：1950年
建造地点：巴西
运动项目：足球

观众人数纪录199854人
时间：1950年7
月16日
世界杯决赛

观众容量25万人

观众容量20万人
2014年的容量
78838人

霍尔门科伦滑雪跳台

建造时间：1892年
建造地点：挪威
运动项目：跳台滑雪
观众人数纪录14.35万人
时间：1952年奥运会

巴德明顿马术场

建造时间：1612年
建造地点：英格兰
运动项目：马术
观众人数纪录175000
时间：2013年5月1日

观众容量22.3万人

东京竞马场

座无虚席

　　如果运动场里除了运动员之外空无一人，当然比赛成绩仍然有效，但缺少观众的比赛总是少了些什么。有些赛事的主办方希望吸引尽可能多的观众来到现场，但往往难以如愿。

低于场地容量
超过场地容量

观众容量15万人

印第安纳波利斯赛道

建造时间：1933年
建造地点：日本
运动项目：赛马
观众人数纪录196517人
时间：1990年5月27日

观众人数纪录
350000人
时间：2007年
美国大奖赛

建造时间：1909年
建造地点：美国
运动项目：赛车
观众容量25.7万人

资料来源：indianopolismotorspeedway网站，tokyoracecourse网站，badminton-horse网站，stadiumguide网站，holmenkollen网站，gustadiums网站

加拿大式足球联赛
181
490万

北美职业冰球联赛
1230
2150万

美国职棒大联盟
2420
7350万

墨西哥足球甲级联赛
306
790万

爱尔兰板棍球联赛
162
150万

法国橄榄球Top 14联赛
26
37万

带我去看球赛

在世界上的许多国家，足球都是最具吸引力的运动，但是还有很多人会去现场观看其他体育比赛。在这里，我们将五项足球联赛的上座情况跟一些比赛进行了对比。

瑞典班迪球超级联赛

26

14.9万

英格兰超级联赛

380

1310万

日本职业棒球联赛

846

2170万

德国足球甲级联赛

306

1380万

西班牙足球
甲级联赛

380

1150万

意大利足球
甲级联赛

380

780万

菲律宾篮球联赛

147

105万

澳大利亚澳式足球联盟

207

700万

南非大学橄榄球联赛

31

17.9万

● 棒球　　　　● 加拿大式足球　　　● 英式橄榄球（联合会式）

● 冰球　　　　● 板棍球　　　　　　● 班迪球

● 澳大利亚式足球　● 篮球　　　　　　● 足球

赢得一级方程式赛车比赛的秘诀

进入现代以来，第一届F1方程式赛车比赛的冠军被一位来自意大利的44岁车手摘得。此后，先后有来自13个国家的33名车手获得过这一殊荣，而他们夺冠的年龄各不相同。通过分析1950—2013年的冠军车手的情况，也许我们可以了解什么样的人最容易在赛场上夺冠。

车手的数量

车手的国籍

夺得冠军的数量

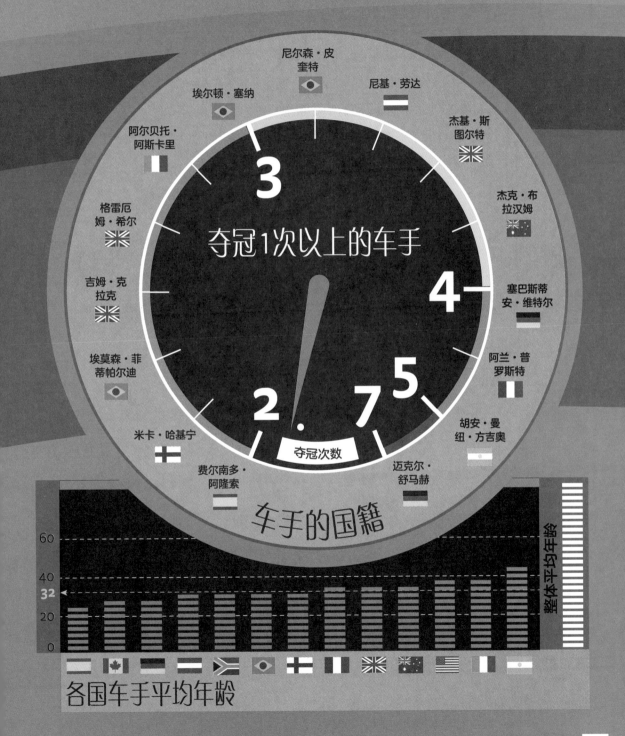

尼尔森·皮奎特

埃尔顿·塞纳

尼基·劳达

阿尔贝托·阿斯卡里

杰基·斯图尔特

格雷厄姆·希尔

杰克·布拉汉姆

3

吉姆·克拉克

夺冠1次以上的车手

塞巴斯蒂安·维特尔

4

埃莫森·菲蒂帕尔迪

阿兰·普罗斯特

2

7

5

米卡·哈基宁

胡安·曼纽·方吉奥

夺冠次数

费尔南多·阿隆索

迈克尔·舒马赫

车手的国籍

60
40
32
20
0

整体平均年龄

各国车手平均年龄

资料来源：维基百科

对女性来说盛装舞步是
一项与众不同的运动

　　盛装舞步个人赛1912年正式成为奥运会比赛项目，但直到1952年，女性才被允许参赛——来自丹麦的丽兹·哈特尔一举夺得银牌，并在接下来的一年中复制了这一壮举。从下面的统计数据可以看到，从1972年开始，女性在每届奥运会这个项目的奖牌榜上占据了统治地位。

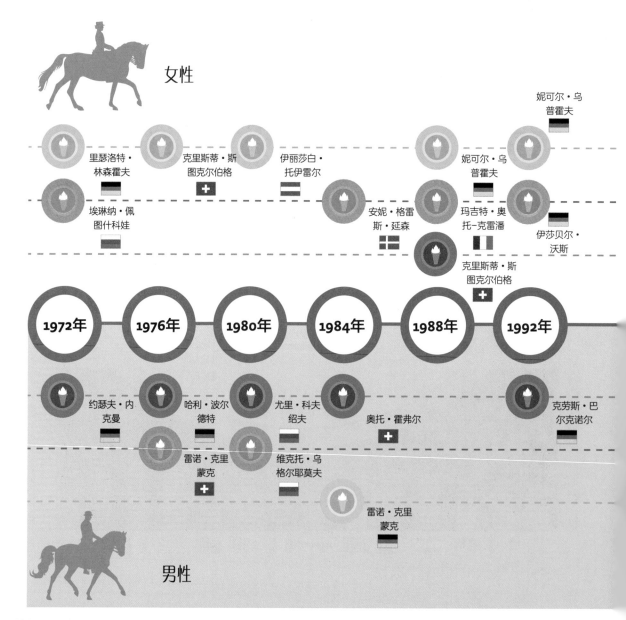

女性

妮可尔·乌普霍夫

里瑟洛特·林森霍夫

克里斯蒂·斯图克尔伯格

伊丽莎白·托伊雷尔

妮可尔·乌普霍夫

埃琳娜·佩图什科娃

安妮·格雷斯·延森

玛吉特·奥托-克雷潘

伊莎贝尔·沃斯

克里斯蒂·斯图克尔伯格

| 1972年 | 1976年 | 1980年 | 1984年 | 1988年 | 1992年 |

约瑟夫·内克曼

哈利·波尔德特

尤里·科夫绍夫

奥托·霍弗尔

克劳斯·巴尔克诺尔

雷诺·克里蒙克

维克托·乌格尔耶莫夫

雷诺·克里蒙克

男性

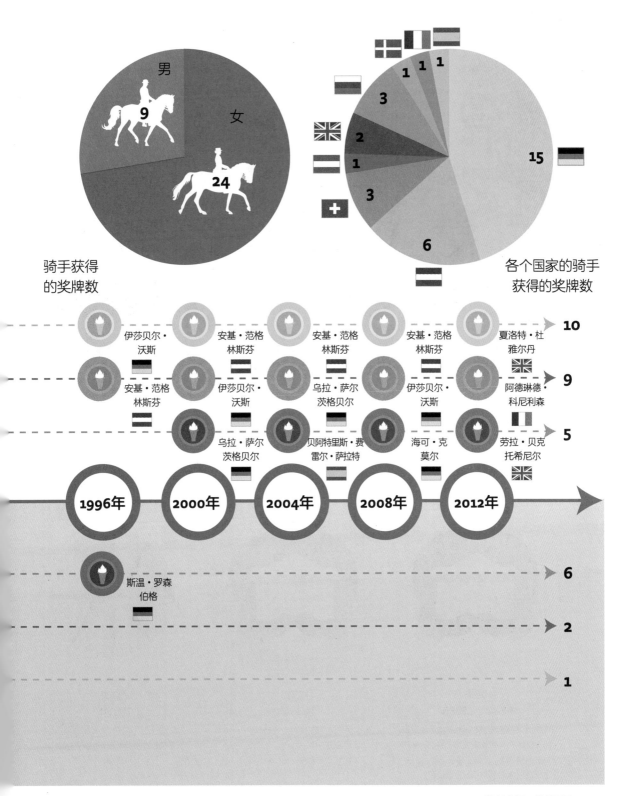

男

女

9

24

骑手获得
的奖牌数

各个国家的骑手
获得的奖牌数

15

3

1

1

1

3

2

1

6

10

伊莎贝尔·
沃斯

安基·范格
林斯芬

安基·范格
林斯芬

安基·范格
林斯芬

夏洛特·杜
雅尔丹

9

安基·范格
林斯芬

伊莎贝尔·
沃斯

乌拉·萨尔
茨格贝尔

伊莎贝尔·
沃斯

阿德琳德·
科尼利森

5

乌拉·萨尔
茨格贝尔

贝阿特里斯·费
雷尔·萨拉特

海可·克
莫尔

劳拉·贝克
托希尼尔

1996年　2000年　2004年　2008年　2012年

6

斯温·罗森
伯格

2

1

旧时光究竟是好是坏

上了年纪的体育爱好者总是喜欢说，在他们那个年代，根本不可能出现兰斯·阿姆斯特朗通过"嗑药"连续6年赢取环法自行车赛的重大丑闻。真的是这样吗？

自行车
1904年

环法自行车赛 希波利特·奥库特里尔——用铁丝一头连接在含在嘴里的木塞上，一头连接在汽车上，在汽车的拖拽下赢得了4个赛段的比赛。

马拉松
1904年

圣路易斯奥林匹克马拉松冠军弗雷德·洛兹——开车完成了全程比赛中的约17.7千米。

棒球
1919年

芝加哥白袜队的8名队员故意输掉了世界系列赛的决赛。

100米
1932年、1936年

斯黛拉·瓦拉西维茨在1932年奥运会上赢得了2枚女子100米比赛金牌，并在1936年夺得了1枚银牌，创造了18项纪录。在去世以后，瓦拉西维茨被发现是男性。

跳高
1936年

德国女子跳高选手多拉·拉特廷在1936年奥运会上夺得了第4名。拉特廷的真实名字是赫尔曼，是一名男性。

篮球
1951年

来自7所大学（包括纽约城市学院）的30多名运动员被发现帮助黑帮操纵篮球比赛。

终点

1

帆船
1968年

唐纳德·克劳赫斯特在环行世界帆船赛中播放虚假的比赛进程，谎称自己处于领先位置。实际上的领先者奈吉尔·泰特利被迫退赛，但克劳赫斯特再也没有出现。

击剑
1976年

在蒙特利尔奥运会上，乌克兰的五项全能运动员鲍里斯·奥尼申科对自己的佩剑做了手脚，使得剑在没有击中对手的情况下也能显示得分。

马拉松
1980年

波士顿马拉松的女子冠军和纪录创造者罗西·露易丝绝大部分时间都躲在围观的人群中，只在其他运动员接近冲刺的时候装作率先撞线。

拳击
1983年

拳击教练巴拿马·刘易斯将弟子拳套中的填充物取出，并在拳手手上缠的绷带上涂抹熟石膏，差点导致对手失明。

高尔夫球
1985年

苏格兰高尔夫球手大卫·罗伯特森在肯特公开赛中被发现多次违规将球移向果岭，最终被罚款20万英镑，并被禁赛20年。

赛马
1990年

骑师西尔维斯特·卡尔姆什借赛道上大雾弥漫的机会，避开观众的视线将赛马停下，然后看准时机假装跑完了全程，并"赢得了胜利"。

资料来源：soccerlens网站，telegraph网站，cracked网站

六度分隔理论：玛利亚·莎拉波娃

出生于俄罗斯的网球明星玛利亚·莎拉波娃既是世界著名女性运动员，也是在谷歌上被搜索次数最多的女性体育明星之一。她先后赢得了4次大满贯，修长的身材（1.88米）也帮助她赢得了许多支持者和数以百万计的球迷。不过从下面的图表我们可以看到，她的兴趣和人脉远远超出了网球的范畴。

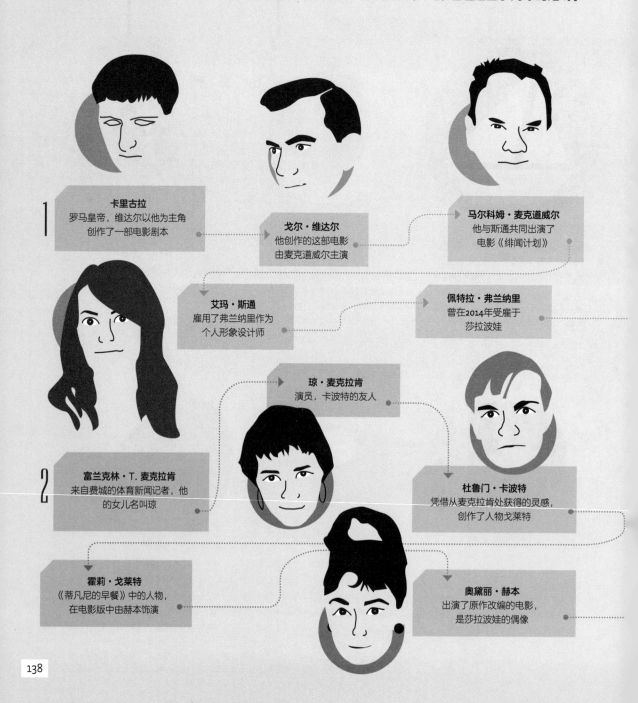

卡里古拉
罗马皇帝，维达尔以他为主角创作了一部电影剧本

戈尔·维达尔
他创作的这部电影由麦克道威尔主演

马尔科姆·麦克道威尔
他与斯通共同出演了电影《绯闻计划》

艾玛·斯通
雇用了弗兰纳里作为个人形象设计师

佩特拉·弗兰纳里
曾在2014年受雇于莎拉波娃

琼·麦克拉肯
演员，卡波特的友人

富兰克林·T.麦克拉肯
来自费城的体育新闻记者，他的女儿名叫琼

杜鲁门·卡波特
凭借从麦克拉肯处获得的灵感，创作了人物戈莱特

霍莉·戈莱特
《蒂凡尼的早餐》中的人物，在电影版中由赫本饰演

奥黛丽·赫本
出演了原作改编的电影，是莎拉波娃的偶像

君泰·帕荷耶
1993年刺伤了格拉芙
最大的竞争对手塞莱斯

玛蒂娜·纳芙拉蒂洛娃
将波利泰利尼的网球学校推
荐给了莎拉波娃的父亲

3

施特菲·格拉芙
德国网球冠军，有一名狂热
球迷名叫帕荷耶

尼克·波力泰利尼
他开办的网球学校得到了纳芙
拉蒂洛娃的高度评价

莫妮卡·塞莱斯
在比赛中被刺伤，年轻时曾在
波力泰利尼指导下进行训练

卡里姆·阿布杜尔-贾巴尔
洛杉矶湖人队历史上的得分
王，在约翰逊加入湖人之前
从未获得过总冠军

4

玛利亚·莎拉波娃

魔术师约翰逊
曾经指导过奥尼尔

泰格·伍兹
后来被麦克罗伊取代

罗里·麦克罗伊
与耐克签下了长达10年的协
议，比莎拉波娃的协议长2年

沙奎尔·奥尼尔
在与布莱恩特发生争执后
离开了湖人队

伊利耶·纳斯塔塞
耐克对他的赞助金额
很快被前者与乔丹的
协议超过

迈克尔·乔丹
篮球运动员，一度被
看作耐克的"面孔"，
但这一地位后来被
伍兹取代

萨沙·武贾西奇
曾经与莎拉波娃
订婚三年

5

耐克
这家以古希腊神话胜利女神命名的运动装备公司
第一次涉足网球，赞助的对象是纳斯塔塞

科比·布莱恩特
在2007—2008赛季中突破
20000分大关，成为历史上最
年轻的"两万分先生"

1850年
1870年
1890年
1910年
1930年
1950年
1970年
1990年
2010年

美洲号
（1851年）多桅纵帆船
8.89千米/时

魔术号
（1870年）多桅纵帆船
14.82千米/时

机警号
（1893年）单桅纵帆船
14.19千米/时

信心号
（1903年）
单桅纵帆船
14.85千米/时

彩虹号
（1934年）J-class
14.11千米/时

坚毅号
（1920年）单桅
纵帆船
17.02千米/时

哥伦比亚号
（1851年）12米帆船
12.62千米/时

威泽利号
（1962年）12米帆船
13.01千米/时

澳大利亚2号
（1983年）12米帆船
10.54千米/时

富人的玩具

　　美洲杯帆船赛始于19世纪，也正是在那个时期，游艇逐渐成为富人的玩具。这里列举了12艘曾经获得冠军的著名帆船，其所有者都是西方世界的有名人物。

10英里/时

所有者

5英里/时　　① 1英里约为1.61千米。

1　以纽约游艇俱乐部主席约翰·考克斯·斯蒂文斯（1785—1857）为首的财团，领先第二名22分钟。

2　富兰克林·奥斯古德（1826—1888），金融家和矿山所有者，获胜船只船龄13年。

3　以查尔斯·奥利弗·伊瑟林（1854—1932）为首的财团，冠军中的第一艘定制帆船。

4　威廉·洛克菲勒（1841—1922），金融家和石油大亨；以及科尼利尔斯·范德比尔特三世（1873—1942），铁路大亨，该项比赛历史上最大的帆船。

5　以铁路巨头和艺术收藏家亨利·沃尔特斯（1848—1931）为首的纽约游艇俱乐部财团，打破了赛程纪录。

6　哈罗德·S. 范德比尔特（1884—1970），航运和铁路巨头，以及其他16位亿万富翁，冠军中第一艘装有铝制船体的帆船。

7　以地产大亨和金融家亨利·希尔斯（1913—1982）为首的财团，1937年以后举办的首场比赛。

8　以航运巨头亨利·D. 莫西尔（1893—1974）为首的财团，比赛中第一位澳大利亚挑战者。

9　艾伦·邦德（1938—），地产、金矿、酿酒、电视、飞艇业大亨，第一艘非美国帆船胜出。

10　拉里·埃里森（1944—），美国软件业巨头、世界上排名第5的富翁，第一艘能以两倍于风速航行的帆船。

11　拉里·埃里森（1944—），美国软件业巨头、世界上排名第5的富翁，帆船速度达到了创纪录的85千米/时。

美国17号
（2010年）三体帆船
31.43千米/时

美国奇迹之队号
（2013年）翼帆三体帆船
57.13千米/时

15英里/时　　20英里/时　　25英里/时　　30英里/时　　35英里/时

大卫击败了歌利亚！

体育比赛中出乎意料的结果正是梦想开始的地方。这里几个以弱胜强的例子告诉了我们为什么梦想家总是会支持不被人看好的一方。

英格兰

斗士

1950年世界杯

来自现代足球发源地的英格兰队败给了由业余球员组成的球队：美国1:0英格兰。

足球

索尼·利斯顿

桑福德纪念赛 1919年

赔率100:1的冷门："苦闷"终结了"斗士"的不败纪录。

赛马

1964年2月25日

赛前克莱的赔率仅为8：1，但他却在6个回合以后胜出。

拳击

年份	1920	1930	1940	1950	1960

苦闷

美国

卡修斯·克莱

阿根廷

足球

1990年世界杯

阿根廷队是1986年世界怀冠军,而喀麦隆队仅仅第二次打进世界杯决赛阶段,且此前一局未胜:阿根廷0:1喀麦隆。

亚历山大·卡列林

摔跤

2000年奥运会决赛

加德纳是13年来第一次击败3次奥运会金牌得主的选手。

迈克·泰森

拳击

1990年世界重量级拳王争霸赛

道格拉斯的赔率仅为40:1,却在第10回合击倒了泰森,这也是后者38场比赛以来的第一场失利。

埃里克·布里斯托

飞镖

1983年世界锦标赛

从未上过排名榜的戴勒击败了世界三强获得了冠军。

新英格兰爱国者队

美式橄榄球

2008年超级碗

赛前新英格兰爱国者队是历史上赔率最低、最被看好的球队:纽约巨人队17:14新英格兰爱国者队。

1970　　1980　　1990　　2000　　2010

基斯·戴勒　　喀麦隆　　巴斯特·道格拉斯　　鲁伦·加德纳　　纽约巨人队

台球桌上的运气

　　表面上看，斯诺克与美式八球非常相似，两者都在带有球袋的台球桌上进行，并且都需要用球杆把不同花色的球击落球袋。但是，斯诺克就和英式茶一样，有着纯正的英国血统，而美式八球就跟可乐一样来自美国，这也解释了为什么两者在不同的国家更受欢迎——当然其中哪项运动收入更丰厚，则跟我们对两个国家的印象刚好相反。

斯诺克

美式八球

最多的国家或地区
在世界排名前100位中上榜次数

斯诺克

英国：75

中国：11

泰国：4

爱尔兰：3

印度：2

美式八球

美国：58

菲律宾：7

英国：6

中国台北：4

加拿大：4

最快清台纪录

斯诺克最快147分的纪录（36球）：
5分20秒
罗尼·奥沙利文（英国）

平均进一球的时间（秒）
8.88

美式八球最快清台纪录：
26.5秒
戴夫·皮尔森（英国）

平均进一球的时间（秒）
3.31

美式八球球台制式
270厘米×135厘米
（36450平方厘米）
9球

资料来源：维基百科

世界排名前100的选手来自的国家或地区	10	
	20	
职业生涯收入达到167万美元的选手数量	34	
	1	
年收入达到5万美元的选手数量	47	
	14	
世界锦标赛冠军奖金	417000美元	
	37548美元	
世界锦标赛奖金总额	185万美元	
	26万美元	
最成功的选手的奖金总额	1335万美元	
	斯蒂芬·亨得利，英国	
	210万美元	
	艾夫仑·雷斯，菲律宾	
英国斯诺克人口占总人口的百分比	7.1%	
美国美式八球人口占总人口的百分比	0.9%	

斯诺克球台制式

357厘米×178厘米
（63546平方厘米）
21球

145

运动中的诅咒

许多职业运动员都有着这样或那样的迷信，希望通过日常生活中的某些举动来获得好运气，也许这样的传统正是来自各种各样的诅咒。不管是棒球还是高尔夫；无论是足球还是斯诺克，这里我们列举了体育领域最著名的一些诅咒。

1951～
63 +年

51年魔咒
梅奥俱乐部
山姆·马奎尔杯

只有在1951年杯赛冠军球队的所有成员去世之后，梅奥俱乐部才能重新夺冠。

1952～1962
10 * 年

比尔·巴里尔科的诅咒
多伦多枫叶队
斯坦利杯

在斯坦利杯冠军球队成员巴里尔科的飞机失事后，枫叶队再也没能捧杯，直到他的遗体被找到。

1940年诅咒
纽约游骑兵队
斯坦利杯

1940～1994
54 年

在1940年球队赢得奖杯之后，主场体育场的所有者在奖杯中焚烧抵押贷款文件，因此亵渎了奖杯。

1927～1967
40 年

马尔杜恩的诅咒
芝加哥黑鹰队
冰球联盟冠军头衔

据说被解职的教练皮特·马尔杜恩诅咒黑鹰队永远无法夺得第一。

1977～
37 + 年

克鲁西布剧院的诅咒
所有在英格兰谢菲尔德首次获得世界锦标赛冠军的选手
卫冕世锦赛

从没有在克鲁西布剧院首次赢得斯诺克世锦赛冠军的选手能够卫冕成功。

三杆洞诅咒
奥古斯塔大师赛
奥古斯塔大师赛

1960～
54 + 年

所有在奥古斯塔大师赛之前赢得三杆洞比赛的选手最终都未能在大师赛中胜出。

146　　* 此处提及的年数以原版书出版年份为准。

上校的诅咒

1985~
29+ 年

阪神老虎队（日本）
日本职业棒球联赛冠军

1985年，阪神老虎队球员在夺冠后将一尊山德士上校的塑像扔进了河里，从此再也没有赢得过冠军。

圣婴诅咒

1918~2004
86 年

波士顿红袜队
世界系列赛

红袜队在1918年夺冠后将球员贝比·鲁斯交易到纽约扬基队此后直到2004年才再度夺冠。

鲍比·莱恩的诅咒

1958~
56+ 年

底特律狮子队
任何奖杯

在被狮子队卖掉后，鲍比·莱恩说狮子队在接下来的50年里不会赢得任何一座奖杯。

蜂蜜熊的诅咒

1986~
28+ 年

芝加哥熊队
超级碗

芝加哥熊队赢得了第二十届超级碗比赛，随后解散了球队的啦啦队"蜂蜜熊"，从此再也没能夺冠。

比迪·厄利的诅咒

1914~1995
81 年

克莱尔县
板棍球联赛冠军

一个19世纪生活在克莱尔县的"女巫"从坟墓里诅咒了球队。

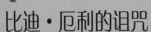

足球巫医诅咒

1970~2004
34 年

澳大利亚国家队
世界杯资格赛

澳大利亚国家队雇用了一名巫医来帮助他们晋级世界杯决赛阶段，但是没有付钱……

贝拉·古特曼的诅咒

1962~
52+ 年

本菲卡队
任何欧洲比赛的冠军

帮助球队赢得杯赛和联赛冠军的功勋教练匈牙利人贝拉·古特曼被解雇，因此诅咒球队100年。

进入和退出奥运会

从20世纪初开始，奥运会每四年举行一次（除个别情况停办），已经成为世界范围内体育爱好者关注的焦点。但奥运会并不是一成不变的。下面我们对1896年以来进入过夏季奥运会的项目进行了一个总结，其中包括已经退出奥运会的体育比赛。

夏季运动会项目总数   ○ 0~59   ◯ 60~120   ◯ 121~180   ◯ 181~240   ◯ 240~302

1896	1900	1904	1906	1908	1912	1920	1924	1928	1932	1936	1948	1952	1956	1960
43	85	94	78	110	102	156	126	109	117	129	136	149	151	150

163	176	191	198	205	221	241	256	272	300	301	302	302	300
1964	1968	1972	1976	1980	1984	1988	1992	1996	2000	2004	2008	2012	2016

曾经退出过夏季奥运会的项目及年份

棒球 1912[D], 1936[D], 1952[D], 1956[D], 1964[D], 1984[D], 1988[D], 1992[1], 1996[1], 2000[1], 2004[1], 2008 |
巴斯克球 1900[1], 1924[D], 1968[D], 1992[D] | **板球** 1900[1] | **槌球** 1900[3] |
马上体操 1920[2] | **花样滑冰** 1908[4], 1920[4], 1924—2016 | **冰球** 1920[1], 1924—2016 |
室内网球 1900[D], 1908[1], 1924 | **长曲棍球** 1904[1], 1908[1], 1928[D], 1932[D], 1948[D] |
马球 1900[1], 1908[1], 1920[1], 1924[1], 1936 | **壁球** 1908[2] | **短柄槌球** 1904[1], | **垒球** 1996—2008[1] |
拔河 1900—1920[1] | **水上摩托车运动** 1900[D], 1908[3]

[1][2][3]分项的数量   [D]表演赛

主要项目

水上项目
- ⌐ 跳水
- ⌐ 游泳
- ﹌ 花样游泳
- ⌐ 水球
- ⌐ 射箭
- ⌐ 田径
- ⌐ 羽毛球
- ⌐ 篮球
- ⌐ 拳击

皮划艇
- ⌐ 激流回旋
- ⌐ 静水皮划艇

自行车
- ○ 自行车越野赛
- ▲ 自行车山地赛
- ◉ 自行车公路赛
- ○ 自行车场地赛

马术
- ◆ 盛装舞步

- ◆ 三日赛
- ◆ 障碍赛

- ✕ 击剑
- ⌐ 曲棍球
- ⌐ 足球
- ▶ 高尔夫球

体操
- ⊓ 艺术体操
- ⊏ 竞技体操
- ⌐ 蹦床

- ● 手球
- ⌐ 柔道
- ✕ 现代五项

- ⌐ 赛艇
- ● 七人制橄榄球
- ⌐ 帆船
- ⌐ 射击
- ⌐ 乒乓球
- ⌐ 跆拳道
- ⌐ 网球
- ⌐ 铁人三项

- ● 沙滩排球
- ● 排球
- ⌐ 举重

摔跤
- ⌐ 自由式摔跤
- ⌐ 古典式摔跤

D* 表演赛

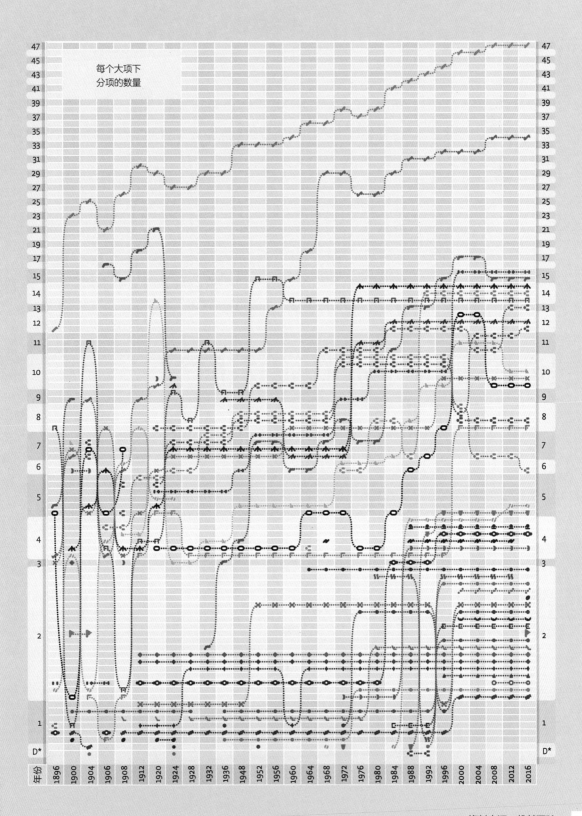

每个大项下
分项的数量

年份 1896 1900 1904 1906 1908 1912 1920 1924 1928 1932 1936 1948 1952 1956 1960 1964 1968 1972 1976 1980 1984 1988 1992 1996 2000 2004 2008 2012 2016

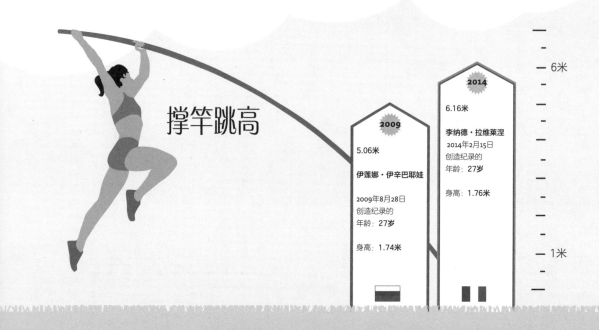

撑竿跳高

2009
5.06米
伊莲娜·伊辛巴耶娃
2009年8月28日
创造纪录的
年龄：27岁
身高：1.74米

2014
6.16米
李纳德·拉维莱涅
2014年2月15日
创造纪录的
年龄：27岁
身高：1.76米

6米

1米

是谁在推动跳高/跳远的发展？

人们一直在创造田径项目的新纪录，在国际田径大赛、奥运会和其他重大赛事上经常会出现新的突破。但这只是对一部分项目而言，在与跳跃有关的项目中，这种情况似乎很少见——奥运会纪录似乎比世界纪录更容易被打破，但也是几十年才会发生一次。

三级跳

身高：1.72米	弗朗索瓦·姆邦戈·埃托内 2008年8月 创造纪录的年龄：22岁	**2008**	15.39米	
身高：1.78米	伊尼莎·克拉韦茨 1995年8月10日 创造纪录的年龄：31岁	**1995**	15.50米	
身高：1.78米	肯尼·哈里森 1996年7月 创造纪录的年龄：42岁	**1996**		18.09米
身高：1.83米	乔纳森·爱德华兹 1995年8月7日 创造纪录的年龄：29岁	**1995**		18.29米

6米　　　　　　10米　　　　　　18米

资料来源：sports-reference网站，维基百科

跳高 — 3米

— 2.50米

2008
2.06米

叶莲娜·斯列萨
连科 2008年8月
创造纪录的
年龄：22岁

身高：1.79米

1987
2.09米

斯蒂夫卡·科斯塔蒂
诺娃 1987年8月30日
创造纪录的
年龄：22岁

身高：1.80米

1996
2.39米

查理·奥斯丁
1996年7月
创造纪录的
年龄：28岁

身高：1.83米

1993
2.45米

哈维尔·索托马约尔
1993年7月27日
创造纪录的
年龄：25岁

身高：1.95米

— 0.5米

男子世界纪录 ■
男子奥运会纪录 ■

创造纪录的年份

女子世界纪录 ■
女子奥运会纪录 ■

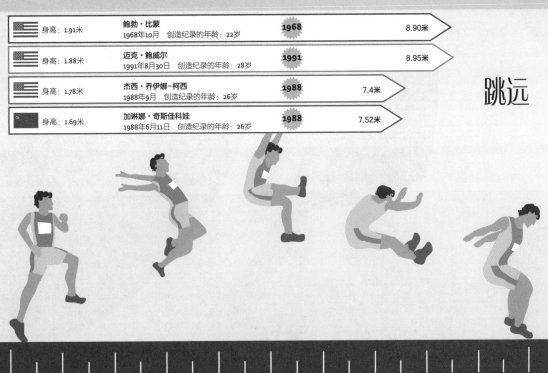

身高：1.91米　**鲍勃·比蒙**　1968年10月　创造纪录的年龄：22岁　**1968**　8.90米

身高：1.88米　**迈克·鲍威尔**　1991年8月30日　创造纪录的年龄：28岁　**1991**　8.95米

身高：1.78米　**杰西·乔伊娜-柯西**　1988年9月　创造纪录的年龄：26岁　**1988**　7.4米

身高：1.69米　**加琳娜·奇斯佳科娃**　1988年6月11日　创造纪录的年龄：26岁　**1988**　7.52米

跳远

1米　　3米　　5米　　7米　　9米

神射手!

把桌球击落袋底，把篮球灌入篮筐到底有多难？我们比较了射击（射球、射门等）目标和用来射击的物体（子弹、飞镖、球等）的大小，以及是否有人对射击进行阻碍，从而对直接得分的射击难度进行了研究。

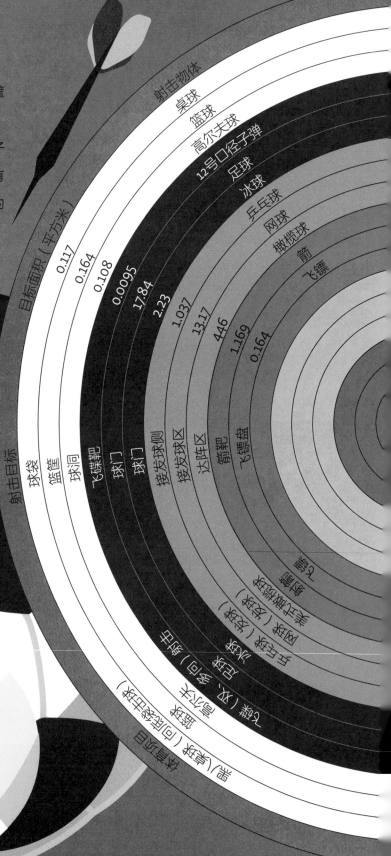

射击物体：桌球、篮球、高尔夫球、12号口径子弹、足球、冰球、乒乓球、网球、橄榄球、箭、飞镖

目标面积（平方米）：0.117、0.164、0.108、0.0095、17.84、2.23、1.037、13.17、446、1.169、0.164

射击目标：球袋、篮筐、球洞、飞碟靶、球门、球门、接发球侧、接发球区、达阵区、箭靶、飞镖盘

射击物体面积（平方米）

0.057
0.0458
0.00143
0.00005
0.0378
0.00456
0.00126
0.0034
0.0248
0.000059
0.0000079

射击物体与目标面积之比

0.46
0.28
0.13
0.0053
0.002
0.002
0.0012
0.00026
0.000056
0.00005
0.000005

资料来源：darting网站，wpa-pool网站，nhl网站，livestrong网站，cpsa网站

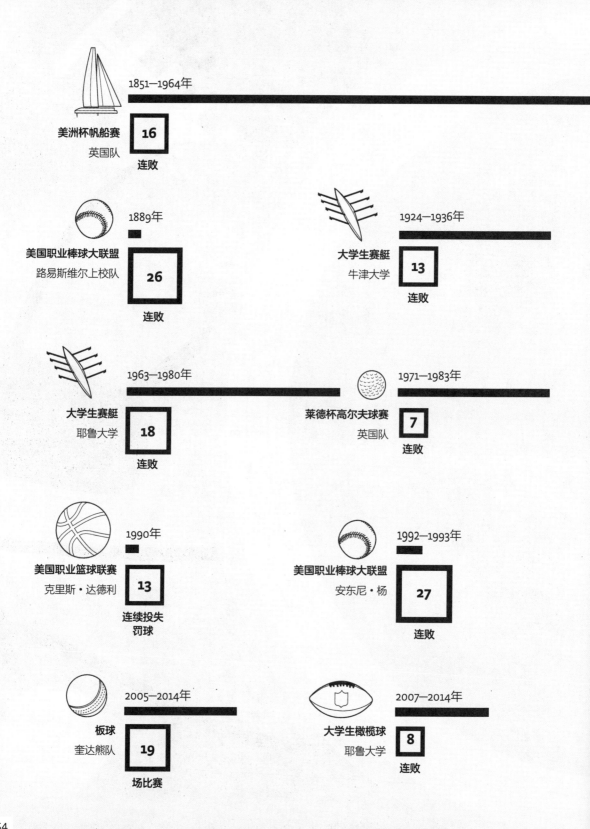

美洲杯帆船赛
英国队
16
连败
1851—1964年

美国职业棒球大联盟
路易斯维尔上校队
26
连败
1889年

大学生赛艇
牛津大学
13
连败
1924—1936年

大学生赛艇
耶鲁大学
18
连败
1963—1980年

莱德杯高尔夫球赛
英国队
7
连败
1971—1983年

美国职业篮球联赛
克里斯·达德利
13
连续投失
罚球
1990年

美国职业棒球大联盟
安东尼·杨
27
连败
1992—1993年

板球
奎达熊队
19
场比赛
2005—2014年

大学生橄榄球
耶鲁大学
8
连败
2007—2014年

屡战屡败

双方参赛的体育运动的本质决定了必然会有失败的一方，但是这里列出的团队和个人把失败演绎成了另一种成就。这里展示了8项主要运动的连败纪录。

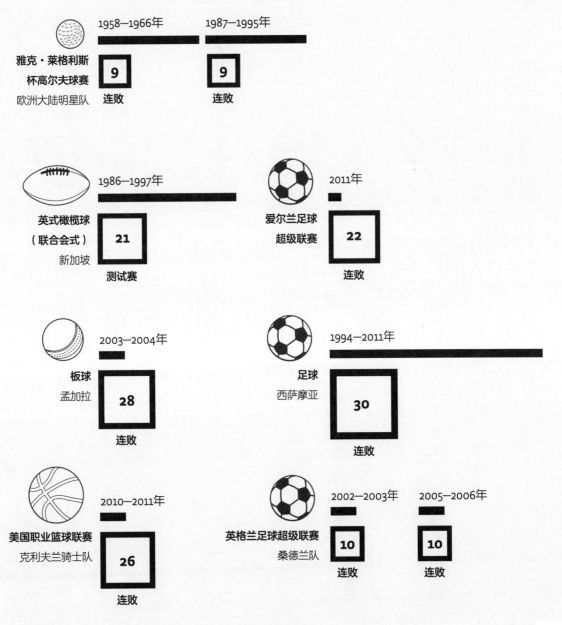

雅克·莱格利斯杯高尔夫球赛
欧洲大陆明星队

1958—1966年
9 连败

1987—1995年
9 连败

英式橄榄球（联合会式）
新加坡

1986—1997年
21 测试赛

爱尔兰足球超级联赛

2011年
22 连败

板球
孟加拉

2003—2004年
28 连败

足球
西萨摩亚

1994—2011年
30 连败

美国职业篮球联赛
克利夫兰骑士队

2010—2011年
26 连败

英格兰足球超级联赛
桑德兰队

2002—2003年
10 连败

2005—2006年
10 连败